最奇的**科学**探险书

对话外星生命

Dui hua
Wai xing
Sheng ming

大米原创 雨霁/编写

太阳系 休息区

浙江少年儿童出版社

这是一个月色最亮、云彩还呈现出粉色的最最安静的夜晚，这也是今年的最后一天——12月31日。这天晚上，我家的喵星人破天荒没有倒立着摇尾巴，汪星人没有对我吐口水，窗外的鸟儿也没有放屁，一切都透着股诡异的宁静与和谐。

而事实上，这一天却发生了一件最最最最不可思议的事情，在我这间小小的、杂乱不堪仿佛发生过自然灾害的卧室里，竟然开启了一道时光之门。

当我试着推开它时，一个声音随之响起："等等，等等，你太性急了，请耐心听我说完，你才能打开这道门。请注意：你已经成为近千年来第3.25个有幸进入时光之门的人，至于会产生0.25，是因为一百年前有个胆小鬼只经历了四分之一的旅程就放弃了，希望你不要成为第二个这样的人。咳咳……好了好了，一提那个胆小鬼就把我气得直咳嗽，还是言归正传吧，咳……这将是一场前所未有的盛大的科学探险之旅，历时一年，在此期间你可以去任何时空，而且像你这样的小不点儿还不需要买票哦。其中每两个月就会更换一次探险主题，如果你能记日记就更好了，万一……呃……我只是说万一，如果你有什么不测的话，至少通过你的日记还有人知道你在哪里，干了些什么。从明天开始，旅程正式启动，祝你好运，孩子！"

我可不想冒万分之一的险，如果怪物要吃人，就先把你吃了吧！

1—2月　重返恐龙葬地

3—4月　走进失落世界

5—6月　揭秘惊世奇迹

7—8月　寻找神秘宝藏

9—10月　对话外星生命

11—12月　探索未解迷案

　　天哪，我简直不敢相信这样的好事会落在我身上，我真是迫不及待地想去那些充满神秘与挑战的地方看一看。所以如果你够大胆，不妨和我一起结伴同行吧……

目录 CONTENTS

宇宙中有多少颗星 8

一切从大爆炸中产生 12

恒星中的小矮子 16

可怕的"无底洞" 20

天上的河 24

令人苦恼的"青春痘" 28

最烫的行星 32

宇宙中的光影魔术 36

"火星人"到底躲在哪里 40

是"保镖"，还是"刺客" 44

戴草帽的"美人"　48

太空中的"魔鬼百慕大"　52

寄往外星的"漂流瓶"　56

让人尖叫的惊险游戏　60

神奇的太空"扫帚"　64

稀罕的天外来客　68

缩小版的太阳系　72

宇宙中司空见惯的"车祸"　76

飞向月球的"卫星炸弹"　80

太阳的"老年斑"　84

抓住万物的"大手" 88

哭着离开行星宝座 92

寻找火星生命 96

"备份"地球物种和文明 100

带领人类冲出太阳系 104

人类首次发现"太空动物" 108

感受超光速飞行 112

太空中的动物"敢死队" 116

搭电梯圆太空梦 120

宇宙"交通事故"肇事者 124

最有"钱景"的行业　**128**

当代最大的科学之谜　**132**

一杆飞越苍穹　**136**

飘浮状态下的手术　**140**

在宇宙建工厂　**144**

上趟厕所就像坐了回过山车　**148**

年产星星740颗　**152**

换个地方换种活法　**156**

宇宙中有多少颗星

时间：9月1日　　**天气**：晴

考察目标：不可能完成的任务——星球计数

困难指数：

作为一个试图探寻外星生命的人，熟悉宇宙中星球的概况是行动的第一步。据有关天文数据显示，人类肉眼能看到的星星共有6974颗，可是就算把观测地点转移到全世界看到星星最多的地区——赤道，我也只能看到3000颗左右。

原来，近7000颗星星我们根本不可能同时全部看到，因为无论在什么时候，大约有一半的星星都躲在地平线下面！如果观测者恰好身处南极或

北极的话，那就更惨，
因为这两个地方是看到星星最少的地区！

夏天是观测星空最好的季节，所幸在它结束之前，我已经对天文界划分的所有88个星座了如指掌。由于恒星还被按照温度划分了等级，最亮的是1等星，其次是2等星……人类肉眼能看见的最暗的星星是6等星。我按照这个次序，一个星座一颗星地数下去，终于把星罗棋布的天空数了个底朝天。

除了这些有固定位置的恒星外，还有极少数的星星会不停地穿梭行走，它们的名字叫"行星"。尽管它们很不老实，不愿意待在一个地方，我的"火眼金睛"还是把它们之中的部分大个头揪了出来——它们就是著名的金、木、火、土四星，因为本身较亮而泄露了行踪！而水星则很难被看见，因为它总是徘徊于太阳附近，被淹没在太阳的光辉中。对此，连"日心说"的创立者、近代天文学的奠基人哥白尼都因为没有看见水星而抱憾终生呢！

装备不断升级

借助天文望远镜，就能看到八大行星中的天王星和海王星。其实，用一架不大的双筒望远镜，就可以把60000颗星星收入视野。

如果改用镜头直径为120毫米的望远镜，则可以看到数千万颗的星星。

而要是使用美国帕洛玛山上直径5米的望远镜的话，可以观察到接近20亿颗的星星呢！

永远无法完成的任务

地球所在的银河系内共有1200亿颗恒星，而人类依靠现有的观测手段，已观测到了几千亿个类似的"银河系"。这些星系有的比我们银河系大，有的比我们银河系小。要知道，光这些星星，人一辈子都数不过

来，而人类现在能观测到的还并不是宇宙的全部。

从这个意义上讲，要想数清楚宇宙中究竟有多少颗星球，恐怕是一个永远都无法完成的任务了。

每年提前一天"上班"

夏天的夜晚，明亮的织女星和牛郎星隔着轻纱似的银河遥遥相对，细心的观测者可以发现，它们从地平线上升起的时间，每天都会比前一天提前 4 分钟。

原来，星座随着季节的变化会不停地变换形状和位置，这是地球斜着身子绕太阳公转造成的。虽然这种变化十分缓慢，但是按这样推算，一年以后，每一颗星都差不多要提前 24 小时"上班"呢！

一切从大爆炸中产生

时间： 9月3日　　**天气：** 雨

考察目标： 宇宙身世的奥秘——"大爆炸宇宙说"

困难指数：

现在，越来越多的科学家相信宇宙起源于一次大爆炸，对此我深表认同。天文学家哈勃早在1929年就公布了一个震惊科学界的发现——所有的河外星系都在离我们远去，也就是说，宇宙在高速地膨胀着。这情形就像是烤箱里的葡萄干布丁，当布丁变得膨松时，葡萄干之间的距离也会越来越大。

最早正式提出"大爆炸宇宙说"的是天文学家伽莫夫，他认为，宇宙最初是一个温度极高、密度极大的"原始火球"。

根据现代物理学原理，这个火球必定迅速膨胀，而它的密度和温度则不断降低，在这个过程中，原来以中子、质子等基本粒子形态存在的物质，结合形成重氢、氦等化学元素。当温度降到几千摄氏度时，宇宙间形成由原子、分子构成的气体物质。气体物质又逐渐凝聚成星云，最后从星云中逐渐产生各种天体，成为现在的宇宙。

伽莫夫曾预言宇宙中还应该到处存在着"原始火球"的"余热"，这种余热表现为一种四面八方都有的背景辐射。

20世纪60年代，科学家发现宇宙间有绝对温标为3K的辐射，显然，这正是宇宙大爆炸时留下的遗迹，是宇宙逐渐变冷以后的产物。另一方面，科学家们推算出来的宇宙膨胀年龄为100亿~200亿年，这个年龄与天体演化研究中所发现的最老的天体年龄相吻合。

这些记录都有力地支持了"大爆炸宇宙说"。

起爆器

浴火重生

我们所能观测到的宇宙，会永无止境地膨胀下去吗？它会不会消亡？

一些天文学家认为，宇宙总有一天会停止膨胀，各个星系将互相吸引并慢慢靠近，直到最后发生猛烈的碰撞而融合在一起，回到宇宙最初的状态"宇宙蛋"，这就叫作"大坍聚"。然后宇宙还会再一次发生爆炸，由此开始重生，如此循环往复，生生不息。

神秘的噪声

宇宙背景辐射的发现者是美国科学家彭齐亚斯和威尔逊，他们在测定银晕气体射电强度时，在7.35厘米的波长上，意外探测到一种微波噪声，无论天线转向何方，无论白天黑夜、春夏秋冬，这种神秘的噪声都连续不断且相当稳定。

天文学家们早就估计到宇宙大爆炸后，在今天总会留下点什么，每一个阶段的平衡状态，都应该有一个对应的等效温度。现在这一猜想被证实了，两位科学家因此荣获了1978年的诺贝尔物理学奖。

黑洞大火并

如果宇宙不断地膨胀，许多大质量的恒星就会死亡，然后成为黑洞。因此，宇宙中的黑洞将越来越多，它们会吞食掉宇宙中几乎所有的物质。

如果宇宙转而收缩，随着温度的不断升高，包括恒星在内的各种天体都会逐渐解体，黑洞则会趁机"饱食一顿"，体积越来越大，最后导致黑洞火并，整个宇宙也会因此成为一个大黑洞。

宇宙消亡的最后标志是黑洞物质蒸发殆尽，各种物质瓦解。

恒星中的小矮子

时间：9月4日　　天气：晴

考察目标：老年恒星的归宿——白矮星

困难指数：

白矮星是恒星中的一员，它们虽然个头特别小，一般比地球还小，有的甚至比月亮更小，可是表面温度却很高，浑身发着白光。

别看白矮星个头不大，密度却大得惊人。就拿一颗和地球一样大的白矮星来说吧，它的质量比太阳还要大呢！而一般的白矮星，体重都比地球大几十万倍乃至几百万倍！

目前，科学家们已经发现了1000多颗白矮星。这个特殊的恒星群体除了体貌特征相似以外，还有一个共同点：它们都年老体

衰，正在经历着自己生命的最后阶段。

原来，和我们人类一样，一颗恒星诞生后，不管寿命长短，经过一定的生命期，最终都会死亡。如果把恒星的一生分为幼年、青年、中年、老年四个阶段，它们步入老年后，内部的核能近于枯竭，而内部的温度则达到极高点。恒星外层的物质挡不住中心的引力而发生收缩，对于质量不及太阳质量1.5倍的恒星来说，收缩的结果就是变成白矮星。

在收缩的过程中，恒星释放出巨大的能量，以至它表面的温度能达到10000摄氏度以上，可实际上中心的核反应已经停止了，它最终将成为不发光的残骸。

但对于那些质量比太阳大1.5~2倍的大个头恒星来说，白矮星还不是其归宿，它会在短短的几天时间内，引发一场惊天动地的大爆炸，坍缩成密度更大的中子星，同时释放出巨大的能量，亮度一下子增加了1000万倍以上，这就是"超新星爆发"！它是恒星世界中最激烈的大爆炸，被观测到的几率比中500万彩票还要低呢！

是
我
矮 子

白矮星

内增高

被自己的体重压垮

　　人类发现的第一颗白矮星是天狼星的伴星，它虽然比地球大不了多少，质量却比地球大30万倍。

　　在这个星体上，一块像火柴盒那么大小的石头就重达5000千克。如果地球有它那么大的密度，就会缩小成为一个半径为200米左右的小球体。

　　即使人类能够到达这颗白矮星的表面，也休想站起来。因为白矮星的重力是地球重力的18万倍，所以人的骨骼早就被自己的体重给压碎了！

好重！

胖太阳

　　太阳的寿命大约是100亿年，它壮丽的一生结束后，最终也会成为一颗白矮星。不过在这之前，垂垂老矣的太阳会越长越胖，先变成体积很大的

50亿岁

红巨星。等红巨星把所有的燃料耗尽，只剩下中心一颗很小的核时，才变成白矮星。

不过别担心，太阳现在的年龄只有50亿岁左右，正身强力壮，离毁灭的那一天还远着呢！

长腿的星体

1844年，一位英国天文爱好者发现，有一块星云的星体周围伸出几条弯曲的"腿"，像一只大螃蟹，天文学家经过研究计算，确认这块"蟹状星云"是1054年一颗超新星爆发后留下的遗迹。巧的是，在中国的古书中，竟然有关于这次超新星爆发的详细记载呢！

古书中关于历史超新星的记载具有十分重要的研究价值。而现代中外天文学史专家认可的、记录可靠的历史超新星共有7颗，它们在中国的历史文献中都能找到，而且最早的185年超新星和393年超新星，仅中国有记载。

可怕的"无底洞"

时间：9月7日   **天气**：晴

考察目标：无法逃脱的"魔爪"——黑洞

困难指数：★★★★★

"黑洞"可不是普通的洞穴，它是一种特殊的天体，密度大得惊人。与太阳质量相同的一个黑洞，其平均密度高达每立方厘米200亿吨，强大的引力会把一切物质和辐射吞噬掉，包括光线。光线碰到黑洞，会像水被旋涡吸入一样，刹那间变得无影无踪，因此，要看到黑洞里面是不可能的。

黑洞就像一头张着血盆大口的怪兽，只允许外面的东西进来，不允许里面的东西出去。任何物质只要靠近黑洞，都有去无回，所以说它是可怕的"无底洞"一点都不过分。

那么，如此"嚣张"的黑洞究竟从何而来呢？原来，普通大

小的恒星死亡后会坍缩成白矮星，巨大的恒星死亡后会坍缩成中子星，而特别巨大的恒星在耗尽所有的能量后，会坍缩成一个引力非常强的区域，这就是黑洞。

早在1978年，法国科学家拉普拉斯就依据牛顿引力理论猜测，宇宙中可能存在着一种奇异的天体。这种天体具有很强的引力，它所发射的光完全被它自身的引力拉住，即使速度高达每秒30万千米的光子也无法摆脱这种引力的牵制。

物理学的定律在这个天体的中心失去了意义，它巨大的引力甚至扭曲了空间和时间，因此这种天体即使存在，也无法为外界所观测到，这就是它被人们称为"黑洞"的原因。

玻璃弹子大小的地球

　　白矮星、中子星的密度已经够大的了,但还远远赶不上黑洞。用个形象的比喻,要是地球的密度和白矮星一样大,那么它就会缩成一个直径仅几百米的球体;要是地球的密度相当于中子星,它就会像热气球那么大;要是地球被压缩成黑洞,那它就只有玻璃弹子那么大了。

时间被"冻结"了

　　假如人类坐着一艘异常坚固、足以抗拒黑洞引力的飞船去探测某个黑洞。受黑洞引力的影响,当离黑洞越近时,时钟就走得越慢;当飞船到达黑洞的边界时,时钟慢得已经达到极限,时间被

黑洞

静止
冻结

"冻结"了!而一旦飞船进入黑洞的世界,一切都荡然无存,时间和空间都到了尽头!

可是，地球上的监测者却永远看不见最后到底发生了什么，这不仅仅因为黑洞内漆黑一片，还因为到达临界点时，信号波将变得无穷大，完全丧失了传播能力，因此在监测屏上自然什么也看不见了。

最小的黑洞

黑洞的质量似乎没有上限，有一些甚至是太阳质量的数亿倍。那么，最小的黑洞究竟有多小呢？2008年，美国天文学家发现了最小的黑洞，它的质量是太阳的3.8倍，直径只有24千米。

按照天文学家的估计，能产生黑洞的最小恒星的质量可能是太阳质量的1.7~2.7倍，那些质量达不到这一标准的恒星则只能产生中子星，而不是黑洞。

质量大比拼

我只是最小的黑洞哦！

天上的河

时间： 9月7日　　　　**天气：** 晴

考察目标： 我们的家园 —— 银河系

困难指数： ★★★★★

在中国古代传说中，王母娘娘为了隔开牛郎和织女，拔下头上的金钗在空中一划，天上霎时出现了一条波涛滚滚的银河。而这条让我们产生美妙幻想的银河，其实是由许许多多星星组成的一条银白色的光带，它有的地方宽，有的地方窄，隐约闪动着，真像一条流淌的河。

银河系是太阳系所在的恒星系统，包括1200亿颗恒星和大量的星团、星云、星际气体和星际尘埃，总质量是太阳质量的1400亿倍。

其实，银河系的形状不只像一条河，更像河水流淌时卷起的大旋涡，因此被称为旋涡星系。光线从旋涡的这

一边到那一边，要花10万年的时间。从侧面看，银河系又像两个贴在一起的煎鸡蛋，中间厚，边缘薄，中心部分的厚度约为12000光年，最厚的地方恒星最集中。

银河系的全部恒星都围绕银河系的中心做旋转运动，整个银河系就像一个不停自转的大磨盘。除了自转运动，银河系还以每秒211千米的速度朝麒麟座的方向飞奔着。

而宇宙中远不止银河一条"河"，在银河系之外，还有很多与它相似的庞大恒星系统。这些"河外星系"有着不同的形状：有的像旋涡，有的像棒槌，有的像鸡蛋，有的像透镜，还有的呈不规则状。

因为宇宙中的星系太多了，天文学家只好用英文字母和数字来给它们编号，只有很少几个星系有自己的名字，如宽边帽星系、黑眼睛星系等，这些名字揭示了它们的长相特征。

最敬业的长跑健将

太阳带着地球等家族成员，不停地绕着银河系的中心飞奔。它围绕银河系中心转一周，要花两亿年的时间，如果太阳的年龄以50亿年来计算，那么太阳带着它的家族，已经不眠不休地绕着银河系中心转了25圈，真可谓最敬业的长跑健将！

一群"蚊子"在飞

银河系的恒星除了自身漫无规律地运动外，还都围绕着银河系中心运转。有人作过一个非常形象的比喻：恒星集团就像夏天傍晚聚在一起的一

群蚊子，虽然每只蚊子在群内漫无目标地飞动，但是整个蚊子群却都朝着同一个方向移动。

航海家的天文发现

如果你有机会到中国南沙群岛去观察南半球的星空，会发现天空中有一大一小两片星云，国际天文学界把这两片星云称为大麦哲伦星云和小麦哲伦星云。

这个名字难道和500年前的葡萄牙航海家麦哲伦有关吗？不错，事实真的是这样。当年麦哲伦率领船队进行人类历史上第一次环球航行时，就曾对这两片星云进行了精确的描述。

起初，人们认为这两片星云是银河系里的天体，后来才测定出，它们不是由气体和尘埃组成的星云，而是远在银河系之外与银河系相似的庞大的恒星系统呢。

令人苦恼的"青春痘"

时间：9月10日　　　天气：晴

考察目标：地球的邻居——月球

困难指数：★★★★

小时候，我最喜欢搬着小板凳坐在院子里，看着夜空中又圆又白的月亮，听奶奶讲嫦娥奔月、吴刚伐桂的故事，想象着月球里一定是鸟语花香、奇幻美妙的。但事实真的是那样吗？

今天，我终于登上了月球表面，可还没有站稳，人就已经飘了起来。我抬头看去，天哪——月球表面干巴巴的，而且布满了粉状的尘土，看上去就像是脸上长满了青春痘！别说是嫦娥姐姐了，鬼影都没见着一个！

月球上没有空气，也没有液态水，因此根本不会下雨、下雪、打雷和刮风。白天，月球上的温度非常高，我感觉自己的血液像是燃烧了起

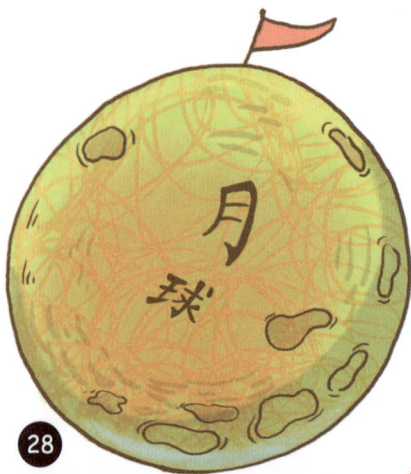

来；夜晚，月球上却极其寒冷，要不是我早有防备，恐怕立刻就被冻成了一根冰棍！

但更让人难以忍受的是"寂寞"，这里不但没有任何生命，甚至连一丝声音都听不到，四周都静悄悄的。原来，月亮上没有空气，声源的振动根本传不出去，结果就剩下一个绝对寂静的世界了。听说人类在1969年7月21日首次登上月球时，两名宇航员虽然近在咫尺，却也只能依靠无线电来通话。

在无数个晴朗的月夜，我曾仔细观察过月球表面，发现上面有些地方暗，有些地方亮，这是为什么呢？早在300多年前，意大利科学家伽利略曾用自制的望远镜观察月球，他推测月球表面那些亮的地方是高山，那些暗的地方是大海。

现在，当我终于登上月球时才发现，月球上确实有许多高原和山脉，但那些黑暗、平坦的地方不是海洋，而是较低的平原哦。

奇形怪状的"碗"

月球上除了起伏的群山，还有非常奇特的环形山。这些环形山就像一只只大碗，中间凹下去，周围凸起来。在月球上，这样的环形山多得数不清，光月球正面，直径超过1000米的环形山就有3万多座呢！

目前，大家普遍认为，这些环形山是由宇宙中的陨星与月面撞击而形成的陨星坑。而我们的地球因为有大气层和水圈的保护，才幸运地没有被撞出像月球表面这样坑坑洼洼的"青春痘"来哦！

月球的"肿瘤"

据科学家诊断，月球表面真的长了"肿瘤"，它们的名字叫质量瘤，就是月球上的某些质量密集区和重力异常区。当飞船环绕月球飞行，接近月面的环形月海时，有时会发生莫名其妙的抖动和倾斜，而造成这类现象的原因就是这些质量瘤！

但月球的"肿瘤"究竟是怎么形成的？是内部的熔岩流出而致，还是外来天体的残留？这个未解之谜就等着我们一起去探索解密吧！

有名字的环形山

月球上的环形山多数以科学家的名字命名，例如居里夫人、布鲁诺、门捷列夫等等，也有一些以中国古代和近代著名科学家的名字命名，像张衡、祖冲之等等。

其中还有一座环形山被命名为"万户"。这个万户是中国明代的一名官员，他为了实现飞天的梦想，将火箭绑在椅子上，试图坐着椅子飞上天去。虽然实验以失败告终，但他可以算得上全世界第一个试验乘火箭上天的人呢！

最烫的行星

时间：9月10日 ⏰　　**天气**：晴转多云 ☀ → 🌥

考察目标：爱的维纳斯 —— 热烈的金星

困难指数：✦✦✦✦

　　我们都看过《西游记》，知道里面的"太白金星"是个白胡子老爷爷，不过，在罗马神话中，金星却是"维纳斯"的化身。为了找寻这爱与美的女神，我迫不及待地想登上这颗使我充满幻想的星球！

　　幸好我没能如愿，不然，我一站上金星表面就会被一股强烈的热浪烤焦！虽然金星离太阳的距离要比水星离太阳的距离远两倍，并且得到的阳光只有

水星的四分之一，可是比起水星，这儿的表面温度真是高得吓人。

金星的表面温度高达465～485摄氏度，在近赤道的低地，极限温度更是高达500摄氏度。正如我猜想的那样，金星是太阳系中温度最高的行星！

而更糟糕的是，在这样高的温度下，完全找不到一滴液态水。所以别说是维纳斯了，就算是变形金刚那样的铁块头到了这里，也会身体软得站不起来呢！

导致金星表面温度居高不下的罪魁祸首原来是"温室效应"。因为金星的大气主要由二氧化碳组成，并含有少量的氮气。大量二氧化碳的存在使得温室效应在金星上尤为明显，几乎不受昼夜、四季、纬度变化的影响。

在这样一个高温、闷热、令人窒息的世界里，实在不适宜任何生命的成长啊！

太阳也会从西边升起

在地球上,不只是太阳,包括月亮、星星都是东升西落的,那是因为地球在自西向东自转着。

所有的行星都在自转,金星当然也不例外。但是金星比较有个性,它是反着转的,即自东向西旋转。在金星上空,太阳和星星都从西边升起、往东边落下呢!

我从西边出来啦!

金星

地球的"孪生姐妹"

金星是太阳系中离地球最近的行星,有时也被人叫作地球的"姐妹星"。因为它同地球一样非常年轻,地表年龄约5亿年,而且它的质量大小、体积都与地球类似,并且也被云层和厚厚的大气层所包围。

好脾气

暴脾气

地球 金星

不过，这对"孪生姐妹"的"脾气"可大不相同呢！如果说地球是"温柔的姐姐"，那金星就是"暴躁的妹妹"。金星的天空是橙黄色的，经常电闪雷鸣，狂风肆虐，金星上记录到的最大的一次闪电持续了15分钟之久呢！

慢腾腾的金星

金星不但反着转，而且动作还很慢！众所周知，地球的自转周期是1天，而金星呢？其自转周期竟然需要243天（以地球的一天为计算单位）！

科学家都在为金星转动的缓慢和逆行而头疼呢！他们推测，这是因为在数十亿年的岁月中，浓厚的大气层上的潮汐效应减缓了金星原来的转动，才造成了如今的情况。

宇宙中的光影魔术

时间：9月13日　　**天气**：晴

考察目标：光影姐妹花——日食和月食

困难指数：

最近，我对日食和月食产生了浓厚的兴趣。看，只要太阳或月亮突然被"咬掉一口"，或者整个被吞没天空变得一片黑暗时，我就知道这对"光影姐妹花"中的一个来了！过了好久，太阳或月亮才会完全从黑影中挣脱出来，重新发光发亮，整个过程就像天空中变幻的光影魔术一样精彩！

我早就知道，日食和月食的发生与太阳、地球、月亮的运动有密切的关系！月亮本身是不会

月球

地球

发光的，它靠反射太阳光发亮。每月农历初一，月亮会跑到地球和太阳中间，这一天，如果太阳、月亮、地球正好跑到一条直线上，日食表演就开始啦！想看日全食？那么需要月亮用力地把整个太阳都遮住才行。如果只是遮住了太阳的中心部分，那就只能看到日环食了。发生日偏食的话，就是月亮太不"给力"，只遮住了太阳的一侧。

那么月食又是这三个天体在玩什么游戏呢？原来，月亮和地球在阳光的照射下，背后会有一条长长的影子，就好像人在太阳底下走，身后会拖着一条影子一样。

月亮在绕地球转圈的时候，有时一不小心就钻进了地球的影子里。如果它全部钻进了地球的影子里，月全食就出现了；如果只被影子遮盖了一部分，没错，就会出现月偏食啦！至于月环食，你永远也不可能见到，因为地球的影子又长又宽，足以把整个月亮包住。

远在天边的首饰

想在太阳周围镶嵌一串珍珠？没人做得到，但是月亮做到了！法国天文学家贝利第一个发现了这串"美丽的珍珠"，原来当窄窄的弯月形的光边穿过月面上粗糙不平的谷地时，洒落了许多特别明亮的光线或光点，就好像在太阳周围镶了一串美丽的珍珠，后来人们称这些光点为贝利珠！

除此之外，月亮还是钻戒雕刻大师呢！在太阳光到来的瞬间，月球边缘不整齐的山谷来不及完全遮住太阳时，没有遮住的地方就像一颗晶莹的"钻石"，周围淡红色的光圈自然就是钻戒的"指环"了。这不，天上就多了一枚镶嵌着璀璨宝石的钻戒！

究竟是谁吃掉了太阳

在世界各国的古老传说里，很多都把日食的发生看作是一头怪物正在吞吃太阳。在中国古代，这怪物是住在天上的一条狗，名叫"天狗"；越南人说，那食日的妖怪是只大青蛙；阿根廷人说，那是只美洲虎；西伯利亚人说，那是个可怕的吸血僵尸；而古埃及太阳教的教徒们则相信，天上藏着一条可以吞食太阳神的蟒蛇！

追赶月亮的"牛人"

　　法国的一位天文学家为了延长观测日全食的时间，竟然乘坐超音速飞机追赶月亮的影子，使观测时间延长到了74分钟！

老天也会做媒

　　在古代的西方，传说一次日食终止了一场战争，不但如此，老天还做起了大媒！原来，米提斯与利比亚两族打仗时，打到一半忽然太阳消失不见了，两族族人害怕灾祸降临，便放下武器，自愿达成了美好的结果—两族讲和通婚了！

"火星人"到底躲在哪里

时间：9月15日　　天气：雨

考察目标：火星文明探秘——火星智慧生命的踪迹

困难指数：

火星有很多地方和地球非常像，我甚至觉得它们就是"孪生兄弟"！那么，火星有没有可能成为适合人类生存的第二个地球呢？

早在1877年，一位意大利天文学家就观测到火星表面有一些细长的线条，好像是水道。一些科学家就此设想：火星世界也拥有古老的文明，由

于火星气候的恶化，致使火星人不得不开凿运河从大的湖泊中引水灌溉。但令人失望的是，这个假设被否定了，火星上并没有"运河"——那只不过是人们的视觉误差而已。

从理论上讲，火星是有能力造就生命的。火星上有太阳系中最大的火山和峡谷，它就像一个被抽干的海洋，有着显著的海岸线。而地球上的河床、冲积平原以及洪水留下的溪谷，同样能在火星上找到哦！火星的大气主要由二氧化碳构成，这和我们地球出现生命之前的大气结构也很相似呢！

但现在的火星上几乎没有大气，也没有流动的水，那它们到哪里去了呢？它们是不是被灾难性的宇宙冲撞给撞飞了？还是它的保护伞——磁场消失后，整个星球被无情的阳光烤焦了，最后水慢慢地被分解为分子，使大气和海洋一点点地消失了呢？这还需要人类继续探索，才能解开这些谜团。

冰层下休眠的"火星人"

火星部分地区的表面笼罩着一层神秘的薄雾，它的主要成分是甲烷气体。科学家还在"火星雾气"的同一地带发现了由水蒸气形成的云层，而水正是维持生命至关重要的"饮料"——有水就可能有生命！

美国航空航天局还透露，这些"火星生命"很可能就生活在火星部分地区的冰层下面。更激动人心的是，科学家相信，这些"火星生命"如今一定还活着，否则火星的大气中不可能有持续不断的甲烷产生！

火星上曾有湖泊

你可能会想：火星已经干旱了近6亿年，小动物和"火星人"恐怕早就被渴死了吧？哪里还会有什么生命的影子呢？但是，美国航空航天局最近却在火星上发现了古老的火星湖残迹，这再一次证明了火星的表面的确曾经出现过水源。

虽然火星表面因为承受着极大的辐射和冰冻而没有生命迹象，但是，地表下的生命却可能受到保护。谁说在地表的细小裂缝中不会生存着小细菌或其他微生物呢？

火星上的"人脸"

美国航空航天局曾经拍摄到一张照片：火星的表面出现了一张巨大的人脸，有眼睛、鼻子和嘴，看起来活像埃及法老。这张照片风靡全球，似乎证明了火星上曾经存在着高度发达的文明。

可是，25年后，它被证实那不过是光影造成的错觉！那只是火星上一座普普通通的平顶山，其实更像一块干裂的面包。多么滑稽的结局，肯定让很多火星迷伤心不已！

火星

是"保镖"，还是"刺客"

时间：9月17日　　天气：雨
考察目标：令人啼笑皆非的星球——木星
困难指数：★★★★★

人们曾经认为木星担当着地球"保镖"的重要角色，因为行星形成过程中留在太阳系外围区域的"脏冰团"——彗星很喜欢撞击地球的表面，而且一不小心就会在方圆几千米的范围内造成巨大的破坏。

但木星的引力就像一双强有力的大手，可以将这些横冲直撞的彗星拖离原来的轨道，一直拖到太阳系的边缘。可见木星就像一个忠实的"保

月球

地球

镖"，为我们阻挡了天大的危险。但事实真的如此吗？科学家经过研究发现，事情并没有这样简单。

的确，如果木星的质量只有现在的一半，那么地球的处境将非常危险，撞击地球的彗星数量将大为增加！

但是，如果没有这颗巨行星的存在，那么几乎没有任何彗星会擦着地球"嗖"地飞过。这是因为，木星不但拖走彗星，同时也将它们从太阳系外围的"冰库"中拉到了地球的身边。由此推测，如果木星离地球远去，地球和彗星"火并"的概率将不会发生任何改变！

所以说，我们不需要颁给木星太多的荣誉，没准木星非但算不上地球的"保镖"，相反还是地球的"刺客"呢！

与"长尾天使"的邂逅

1994年7月16日，发生了震撼世界的彗星连珠撞木星的事件，到现在人们还记忆犹新呢！

这次事件的肇事者就是"长尾天使"——"苏梅克-列维9号"彗星。它的样子很怪，彗核分裂为21块，一字排开，就像一串糖葫芦。然后，彗核碎块以大约每秒60千米的速度，一个接着一个撞向木星，演出了太阳系历史上极为壮丽的一次邂逅！

太阳系的真空吸尘器

木星是太阳系中最大的一颗行星，它的体积是地球的1316倍。那它是怎样变身为"老大"的呢？原来，木星就像一个拥有超级大嘴的怪兽，如果有不知好歹的行星冲撞了它，它就会毫不犹豫地吞掉这些不速之客。在太阳系形成之初,行星间曾经展开过残酷而激烈的"生存竞争"。在这个弱肉强食的战场上,木星曾经吞噬了一个相当于地球10倍大小的行星,才变成了今天的庞然大物!

换领新的"身份证"

木星是一个巨大的液态氢星球,本身已具备了无法比拟的天然核燃料,而且它的中心温度已经达到了进行热核反应所需的高温条件。木星在经过几十亿年的演化之后,中心压力也已经达到最初核反应时所需的压力水平。

一旦木星上爆发了大规模的热核反应,以千奇百怪的旋涡形式运动的木星大气层将充当释放核热能的"发射器"!到时候,木星或许会改变它的身份,从一颗行星变成一颗名副其实的恒星也不一定哦!

戴草帽的"美人"

时间：9月18日　　　**天气**：晴

考察目标：太阳系最美丽的行星——土星

困难指数：

　　说起太阳系里的"大美人"，我觉得非土星莫属！它那淡黄色球体的腰部，缠绕着一道扁平的光环，远远望去，就像女孩头上戴着的一顶"花草帽"。要知道，"戴草帽的星"这个外号可不是我独创的，大伙儿都这么叫它！

　　起先，大家都以为土星的光环和土星是一个不可分割的整体。在伽利略最早发现这圈光环的时候，因为只观测到了光环的一部分，还将它形容为土星的一对"耳朵"呢。

　　其实，土星的光环不是一整块，

它的中间有空隙，而且空隙不止一条。这些空隙将大光环切割成成千上万个同心环，就像是一张唱片上刻满了一道又一道的纹路。而且这张"唱片"的里外圈颜色都不一样，里圈为明亮的紫色和蓝色，外圈则是黄色和红色，这都是因为光环内外圈物质颗粒的大小不同造成的。

想知道这顶草帽的"庐山真面目"吗？其实，土星的光环由无数颗冰粒和碎石块组成，它们很可能是一些古老天体的残渣。它们有的大，有的小，就像是千千万万颗小卫星，正沿着自己的轨道，浩浩荡荡地结伴而行。

2004年7月1日，历时7年、飞越了35亿千米的"卡西尼号"探测器终于成功地进入了土星轨道！它发回的探测资料表明，土星光环中存在着一系列新级别的卫星，仅在一个土星光环中就可能存在着上千万颗这类小型卫星呢！

会变魔术的土星"小月亮"

快看，土星的"小月亮"正在上演太阳系里最壮观的景象之一！

在这颗土星的第二大卫星上，有巨大的水蒸气柱从地底深处喷涌而出，就如同地球上的间歇泉在进行奇妙的表演。

在土卫二的间歇泉下面是否存在着液体海洋？地壳以下是否存在着生命体？这些疑问都令人遐想不已！

谁动了土星的"草帽"

2008年的圣诞节，人们从望远镜中看土星时，会惊奇地发现：美丽的光环消失了！其实，"草帽"并没有被偷走，此时，它正好侧向对着地球。从2008年初开始，土星的光环逐渐地在朝向地球倾斜，到圣诞节的时候几乎完全侧向对着地球，和我们视线的夹角只有0.8度。从这个角度去看，原先宽大、明亮的土星环变成了一条将土星一分为二的暗线，从精度不那么高的望远镜中看起来，它就好像消失了。这一现象被称为"环面穿越"——另一种罕见的美！在穿越真正发生的时候，土星就会改头换面，从"光环之王"变成一块光滑的"鹅卵石"。

我的帽子！

最倒霉的区域

在土星所有的光环中，F环无疑是最为奇特的，它不但处于最外侧，而且也是最细的一条。但就是这么一条"羸弱"的光环，却总是遭到分布在土星周围的微型卫星的撞击。

由于每天都会遭到其他天体的猛烈撞击，F环不得不说是太阳系中最倒霉的区域！

F环

安全

太空中的"魔鬼百慕大"

时间：9月20日　　　　**天气**：雨

考察目标：宇宙中的魔鬼区域——太空"百慕大三角"

困难指数：🛸🛸🛸🛸🛸

　　众所周知，在美国东南近海的大西洋上，有一片呈三角形的恐怖海域，人称"百慕大魔鬼三角"，因为经常有船和飞机在这里神秘地失踪！

　　可怕的是，就在离"百慕大三角"东南方不远的大西洋上空几百千米处，也有一个太空"百慕大魔鬼区域"。许多人造卫星经过这里时，卫星上的仪器都会陷入混乱，如光电"眼睛"会变得模糊不清，不仅让电脑发出错误的指令，有时还会导致太空望远镜莫名其妙地翻起跟头来！

　　这个消息令我十分不安，难道真是外星人在嘲笑戏弄人类的卫星吗？还好，答案是

否定的，这是地球磁场在开玩笑。我们知道，太阳会向四面八方辐射高能粒子流，这些高能粒子被地球磁场"抓住"，就在地球上空形成了一条环状的内辐射带。

由于地球自转轴和地磁轴没有对准，二者稍微偏了一点，所以南大西洋上空的内辐射带比较贴近地球，会"入侵"到大约200千米的高度。当一些低轨道卫星运行到辐射带里时，便犹如落进了电子"陷阱"。在粒子流的攻击下，卫星上的光电传感器会"看到"并不存在的光雾，若有高能粒子正好击中卫星集成电路附近的导线，电脑就会因为短路而出现各种稀奇古怪的差错。

但值得庆幸的是，航天专家们已经对"太空百慕大三角"非常熟悉，能够预防卫星所受到的大部分干扰。

电磁体大斗法

科学家会给有的卫星装上电磁铁，利用电磁铁与地磁场的相互作用来控制卫星的飞行姿势。可是，太空"百慕大魔鬼区域"的磁场变幻不定，有时会变得很弱，这时卫星就会失去控制，就像不会滑冰的人在溜冰场上抓不到什么东西来稳住自己一样，太空望远镜在那里连翻跟头就是因为这个原因。

可怕的火星"百慕大"

自1960年以来，人类几乎每隔两年就会发射探测器登陆火星，但火星却是不折不扣的"太空百慕大三角"，人类的34次火星探险任务中，有22次都归于失败。

火星

至上世纪末，苏联和美国都发射过好几个探测器，其中除了美国的"水手4号"成功地向人类传回了21张火星图片以外，其余的都石沉大海了。

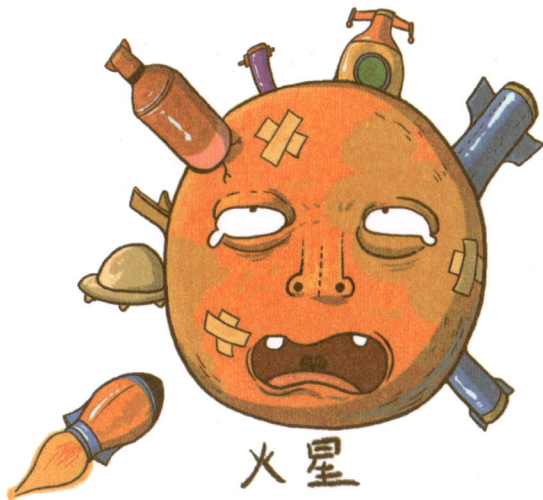

失踪战机火星重现

1995年，一位美国天文学家声称他在用计算机控制的天文望远镜观察火星时，意外地发现了"二战"时期在百慕大失踪的5架美国轰炸机中的4架，它们正在距火星几千米远的空域编队飞行。

那是1945年12月5日，第二次世界大战的硝烟刚刚平息，美国海军航空兵19轰炸机大队的5架格鲁门复仇式轰炸机在海上巡逻时，进入了"百慕大魔鬼三角海域"，然后便消失得无影无踪。

想不到50年后，它们竟会奇迹般地出现在遥远的外太空！这些飞机看上去飞行状态良好，时速高达4万千米，机身上美国军徽的标志也清晰可辨！

寄往外星的"漂流瓶"

时间：9月21日　　**天气**：晴

考察目标：地外智慧搜索行动——来自地球的问候

困难指数：🛸🛸🛸🛸🛸

　　人类一直试图与外星人取得联系，早在19世纪，著名数学家高斯便构想出一种绝妙的沟通方法。他建议在地球上利用森林拼出巨大的图案，让外星人知道我们的存在；晚上则用火油在撒哈拉沙漠中燃烧大型图案，以便让外星人在夜间也能看到。可是，"骄傲"的外星人根本不理睬人类。

　　但人类毫不泄气，又开始向外星人发射"人类名片"。在20世纪70年代，这些用金属制成的特殊名片搭载"先驱者

号"和"旅行者号"两个探测器,飞向了遥远的太阳系外。在名片上,画着人类居住的太阳系和地球所在的位置,还有男人和女人的形象。这些小小的漂流瓶飘向了茫茫太空,期望在将来的某一天会被外星人拾到。

除了携带金属名片,两架"旅行者号"探测器还载有一整套铜制的"地球之音"声像片,记录了地球上各种有典型意义的信息,包括116幅图片、35种地球自然之声、27首世界名曲和近60种语言的问候语。但遗憾的是,至今没有任何消息回馈,这些"礼物"似乎还未被外星智慧拾获!

美国还有一个专门的"搜寻地外智慧"的项目,半个世纪以来,它一直在尝试通过无线电与外星智慧取得联络。然而50年过去了,人们得到的仅仅是毫无特点的无线电噪音。

茫茫太空如此寂寞,简直让人发狂,我真想大吼一声:希望外星人不要再这样沉默了吧!

外星公主"奥兹玛"

天上也有奥兹国，也有公主吗？可不是，在我看来，那些外星人就像童话中住得很远很远的奥兹玛公主一样遥不可及。所以，美国的两位天文学家就把用射电望远镜搜寻可能来自遥远天体的电波的工作，称为"奥兹玛"计划。虽然至今都没有得到宇宙中发来的任何好消息，但是人们对公主的好奇心一直都没有消减。

给外星人的第一封电报

1974年11月16日，在美国康奈尔大学设于波多黎各火山口上的阿雷西博天文台，人们为当时世界上最大的射电望远镜举行了镜面换面典礼。在典礼上，科学家们用波长12厘米的调频电磁波，向银河系内的武仙座球状星团发送了人类给外星人的第一封电报，以数学语言向宇宙中的朋友介绍了人类以及人类生存的环境。

宇宙邀请卡

为了寻找地外文明，1999年，一个国际科学家小组向四颗距地球50~70光年的类太阳恒星发射了一系列射电信号。这些被命名为"宇宙邀请卡"的信号经过这些恒星后，会继续向外传播，直至能被几千光年外的可能存在的地外文明接收到。

飞向宇宙的"音乐盒"

2008年2月4日，披头士乐队的经典歌曲《穿越苍穹》被美国航空航天局发送往431光年外的北极星。科学家们希望那里的外星人——假如真的存在的话——能够听到，并予以回应。

让人尖叫的惊险游戏

时间：9月24日　　　天气：阴

考察目标：致命的"亲吻"——小行星和地球的约会

困难指数：★★★★★

　　有些小行星很不安分，老是发布要撞击地球的"恐怖信息"。近几十年来，人们就遭受过几次这类耸人听闻的惊扰，变得越来越担心。比如2004年6月，就有一颗名为"2004MN4"的小行星被科学家列为"危险分子"。据推测，这颗小行星在2029年有可能会与地球相撞。虽然到了2004年12月，科学家宣布这个"大危机"的可能性已经被排除，但这样可怕的消息还是让像我一样的普通人吓出了一身冷汗呢！

接着，我又发现了可怕的事：除了对地球构成巨大威胁的近地小行星之外，还有极少数彗星也有可能运行到地球附近，给地球带来隐忧。其实，平均每天都有无数来自小行星和彗星的碎片闯进地球大气层。在通常情况下，它们之中最大的也不过像鹅卵石那么大，这些碎片加起来质量不过几吨。它们进入地球大气层之后，与地球大气剧烈摩擦，在几万米高空就已经全部化为气体，成为流星；其中极少数较大的没有全部气化，残骸落到地面，成为陨石。然而，在偶然情况下，闯入地球大气的天体也可能更大，这时会发生爆炸！

　　幸好，科学家已经采取了行动，他们把与地球距离小于750万千米的小行星称作"对地球构成潜在威胁的近地小行星"，对它们的运动轨迹进行监测。因为小于这个距离时，小行星就有可能被地球的强大引力俘获，改变运动轨迹，直奔地球而来，所以必须防患于未然。

一场美丽的约会

为了更好地了解小行星，美国航空航天局制订了一个"近地球小行星漫游计划"。1996年，一个名叫"鞋匠"的无人探测器发射升空，它的目的地是一颗名为"爱神"的小行星。"爱神"的个头较大，年龄和地球差不多大。"鞋匠"经过长途跋涉，终于在2001年2月12日登上了"爱神"小行星。这是人类历史上第一次将人造物体送到小行星上去。有趣的是，这次登陆发生在西方国家的"情人节"之前，所以有人打趣说："'鞋匠'与'爱神'约会，还'亲吻'了她！"

"战神"与地球擦肩而过

一颗直径为4.5千米的小行星正在高速接近地球，而且在2012年12月12日时离我们只有690万千米。不过，它和"地球末日说"没有半

路过!

战神

点关系。这颗名为"战神"的小行星在1934年被首次观察到，而且早就被命名和确认轨迹了。它每四年就要靠近一次地球，不过每次都是"路过打酱油"而已!

比原子弹更可怕

据测算，一颗直径为100米的小行星撞击地球，其威力足以摧毁一座大城市。直径1000米的小行星撞击地球，大约会造成一个大洲的毁灭。若是直径达到10千米的小行星撞击地球——地球上的高等生物基本上就"GAME OVER"了，地球的生态圈将完全"重启"。目前科学界有观点认为，恐龙在6500万年前灭绝的原因就是有一颗小行星撞击了地球!

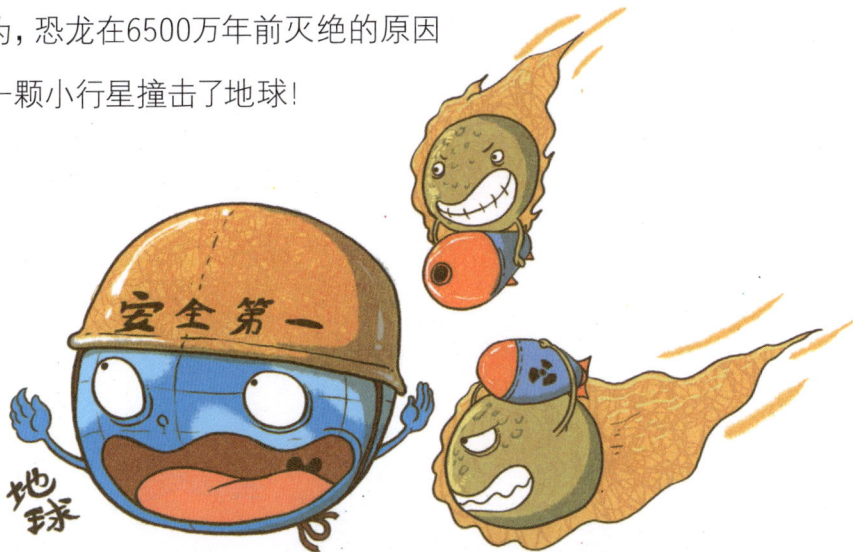

安全第一

地球

神奇的太空"扫帚"

时间：9月27日   天气：雨

考察目标："尾巴怪人"——彗星

困难指数：

    彗星在我的印象中似乎被老人们称作"扫帚星"，它总是拖着长长的尾巴，意外地闯进夜空，受到惊吓的人们爱把它和战争、饥荒、洪水、瘟疫等灾难联系在一起。其实，一切都是误会，彗星也是太阳系大家族里的成员，千万不要歧视它哦！

    彗星实在算不上一颗星星，它只是一个"脏雪球"，由冰晶、尘埃、气体、小石块等组成。它没有固定的身形，在远离太阳时，它的体积很小；接近太阳时，体积变得越来越大，大到连太阳系里的行星都比不上它，大彗星的彗头甚至超过太阳的个头哩！不过，彗星只是一个"虚胖子"，要是把它的全部

物质像压缩饼干那样压成和岩石差不多结实的程度，大多数的彗星就只有一座小山那么大了。

彗星身上的尾巴千姿百态：有的长而细，有的短而粗；有的直直的像把尺子，有的弯弯的像张弓；还有的同时长着好几条尾巴呢！但是，彗星的尾巴并不是生来就有的，只有当彗星接近太阳的时候，受到太阳辐射的强大压力和太阳风的吹袭，才从彗头长出一根又长又大的尾巴来，怪不得它的尾巴总是背着太阳。当它向太阳靠拢的时候，尾巴拖在身后；当它离开太阳的时候，尾巴就跑到它的前面去了。

这些彗星有的像过路的客人，偶尔出现一次后就再也不回来了；有的像媳妇"回娘家"一样，定期回到太阳的身边来转一转，但相隔的时间有长有短，长的会等上几百、几千年；短的只需要几年或几十年。

最"孝顺"的彗星

　　恩克彗星是短周期彗星中"回娘家"最勤的一颗，人类最早发现它是在1786年1月17日，直到1818年11月26日人类又发现它后，法国天文学家恩克用了6个星期的时间，才计算出这颗彗星的轨道，预言其每3.3年就要回归一次，且它每回归一次，周期都要缩短3小时。因此总有一天，恩克彗星会跌入太阳的怀抱或自行碎裂。

轨道决定命运

　　周期彗星的轨道是极扁的椭圆轨道，这样的彗星能定期回到太阳身边；而非周期彗星的轨道则是抛物线或双曲线轨道，这样的彗星终生只能接近太阳一次，一旦离去，就永不复返。不过，彗星的轨道受到行星的影响，也可能产生变化，这时候，彗星的身份也会因此改变，比如从长周期彗星变为短周期彗星，甚至从非周期彗星变成了周期彗星。

撞出来的生命

当太阳系还很年轻时，彗星可能随处可见，这些彗星常与初形成的行星相撞，无意中"帮助"了年轻行星的成长与演化。地球上大量的水可能就是彗星与年轻地球相撞后留下的"遗产"，而正是这些水，孕育了地球上各式各样的生命。

等着瞧吧，我还会再回来的

大名鼎鼎的哈雷彗星是一颗周期彗星，它非常有规律地每隔76年回归一次。第一个大胆预言它还会回来的人是英国牛津大学的教授哈雷，因此这颗彗星也得名"哈雷"。哈雷成功地推算出了这颗彗星的回归时间，而它也不负所望，如期而至。下一次哈雷彗星回归的时间是2062年，今天的小读者将来无疑能看到它！

稀罕的天外来客

时间：9月29日   天气：晴

考察目标：天女散花——流星雨和陨石雨

困难指数：

我最喜欢观看夜晚静谧而深邃的天空，期待能遇到一颗流星。当它安静又迅速地划过夜空时，我会像所有人一样赶紧许愿，希望美梦成真！

但实际上，"流星"只是太阳系里的"小不点儿"。就像湖泊里除了鱼虾，还有各种细小的浮游生物一样，太阳系

里除了行星、卫星等较大的天体，还有一些尘埃和碎块，它们的学名叫"流星体"。它们有的单身"流浪"，有的结队同行；有的像黄豆，有的像米粒，当然也有像小石子甚至大石块那样的"大个头"。

当它们闯进地球的大气层里时，由于速度非常快，会和空气发生剧烈的摩擦，产生几千摄氏度的高温而燃烧起来，并发出强烈的亮光，这就是我们看到的流星。当许多流星从星空中某一点向外辐射时，天上就下起了灿烂的流星雨！

那些微小的流星体，像箭一样在空中一闪就不见了；比较大的流星体，一边坠落，一边燃烧，身后还拖着一条火红的尾巴，发出耀眼的光芒。那场面真是壮观极了！

有些大流星在空中来不及烧完，落下来就成为了陨石。较大的陨石在飞行过程中由于受到高温、高压气流的冲击，会在半空发生爆裂。如果陨石母体足够大，爆裂开的碎块会像雨点一样散落到地面，形成辉煌的"陨石雨"。

天价"丑石"

比钻石和黄金还要珍贵的东西是什么呢？没错，就是这些天外来客——陨石。别看它们黑乎乎的很不起眼，它们却是人类直接破译太阳系各星体形成演变之谜的无价之宝！说其珍贵，还因为它稀有。据统计，每年降落地球的陨石约有63000多块，但是全世界每年能找到的陨石只有10~20块。这是因为地表70%是海洋，陆地上也多为荒无人烟的山岭、荒漠或冰川，陨石落在这些地方，肯定就与人类"擦肩而过"了。

陨石雨之最

1976年3月8日15时许，随着一阵震耳欲聋的轰鸣，一场陨石雨在吉林永吉县附近方圆500平方千米的范围内不期而至。当时人们一共收集到了138块陨石标本，还有陨石碎块3000余块，总重量达2616千

克。这场陨石雨非常壮观，是至今为止全世界最大的一场陨石雨！大小不一的陨石落地时像筛子筛过一样整齐有序，成为人类历史上保留下来的最完美、最经典的一张陨石雨分布图。

争夺桂冠

陨石有三大家族：石陨石、铁陨石、石铁陨石。在世界各地博物馆收藏的陨石中，石陨石所占的比例在90%以上。名列世界单块石陨石之首的是我国吉林陨石雨中的1号陨石，重1770千克。而至今发现的质量最重的三块陨石均为铁陨石，冠军是1920年在非洲的纳米比亚霍巴地区发现的霍巴陨石，长2.75米，宽2.43米，重达59吨。相信未来，这些纪录还会被新的天外来客打破！

铁

59吨

缩小版的太阳系

时间：9月30日　　　　**天气**：阴

考察目标：地外生存基地
　　　　　　——类似太阳系的另一个恒星系

困难指数：✦✦✦✦

　　"人类的未来不会系于我们古老的地球。若想永远生存，就应该到宇宙中去开疆拓土。"英国著名的理论物理学家斯蒂芬·威廉·霍金这样说。

　　的确，如果有一天人类有能力离开自己的摇篮——地球，一定会寻找新的家园，那么，这个令人向往的地方又会在哪里呢？寻找地球外的生存基地，这对于我来说一直是一个极具吸引力的考察项目。而令人惊喜的是，科学家们已经发现了酷似太阳系的另一个恒星系。

　　这个距离地球约5000光年、名为OGLE-2006-BLG-109L的恒星系就像一个微缩版的太阳系，它拥有缩小版的"太阳"——大小只有太阳的一半。那里的"木星"和"土星"也活灵活现，"小木星"的质量是木星的70%，"小土星"的质量是土星的90%。就像土星轨道到太阳的距离是木星轨道到太阳距离的两倍一样，"小土星"和"小木星"的轨道到"小太阳"的距离比例也照搬了这个模式。

尽管这颗恒星远不如太阳明亮，但两颗行星上的温度却很可能与木星和土星的温度类似，因为它们更加靠近恒星。

缩微版太阳系的存在令人惊喜，这表明类似太阳系这样的恒星系统在宇宙中是比较常见的。

看来，我们人类寻找外星生命以及建设地球外生存基地又多了一份新希望。我们甚至可以预期，某一天就能发现一颗围绕着新恒星运转、类似地球的行星，那将是我们新的家园！

类太阳系

地球失散的"兄弟"

2007年4月，科学家首次在太阳系外发现了一颗可能适合人类居住的星球，它的温度适宜，平均温度在0~40摄氏度之间，体积则与地球相似，而且还可能存在着液态水！这颗新发现的行星被命名为"581c"，它围绕着一颗低能量的红矮星运转。它是当时发现的最小的行星，也是第一颗位于可居住地带的行星。这一发现轰动一时，被认为是"搜寻宇宙生命的一个重要里程碑"。

弟弟！

哥哥！

地球

某行星

千里寻亲！

最古老的行星

2003年，天文学家发现了一颗寿命为127亿年的行星，这也是迄今为止人类所知的最古老的行星。这颗行星的年龄是地球以及其他所知行星的两倍，几乎与宇宙"同岁"。值得一提的是，这颗行星几乎完全是气体的，上面没有生命存在，因为它围绕一颗垂死的恒星运转，所以它无法像地球一样接收到生命所需的光和热。

太空中的"流浪汉"

2000年，科学家在猎户座首次观察到一颗"无牵无挂"的行星。这颗"飘浮行星"的发现立刻引起一片哗然：原来，并不是所有的行星都像地球绕着太阳运转一样，是沿轨道绕恒星运行的。

更令人难以置信的是，这颗行星并非特例。同年，又有科学家在猎户座恒星形成区中发现了其他的"自由飘浮行星"。原来，宇宙中还有这么多无家可归的"流浪汉"。

宇宙中司空见惯的"车祸"

时间：10月1日   **天气**：晴

考察目标："恒星制造机"——星际大碰撞

困难指数：🛸 🛸 🛸 🛸

    作为一名天文爱好者，对宇宙家族的重要成员——星系发生兴趣是理所当然的。科学研究证明，星系与星系之间不是永世不相往来的，他们和星球一样，也会发生碰撞，而且这在星系演变过程中是司空见惯的现象。

    不过，由于星系中物质的分布比较稀疏，所以星系碰撞并非一般意义上的碰撞，而是一种引力交互作用。

    星系碰撞有多种结果，可能性之一就是星系的合并。当两个星系发生碰撞，并缺乏足够的动能让自己在碰撞

小星系

之后继续旅行时，他们就会彼此"坠"向对方，在无数次擦肩而过之后最终合并成一个星系。

另一方面，假如参与碰撞的一个星系比另一个大得多，那么前者在碰撞后基本上能保持原样，而后者则被撕裂，成为前者的组成部分。看来，在茫茫宇宙中也照样实行大鱼吃小鱼的生存法则啊！

除此之外，星系碰撞带来的还有新生。瞧，斯皮策望远镜的红外视力正穿透层层尘埃与气体，观测到6800万光年以外的触须星系的恒星正被扯离轨道，旋臂也被拉碎，而触须星系中心正诞生着新的恒星。

不得不说，相互作用的星系就像一个个"恒星制造机"，在这些星系中，恒星诞生的速度比普通星系快10倍以上！

大星系

中星系

霸道的"仙女"

计算机模拟显示，仙女星系正朝我们迎面扑来，并将与银河系发生碰撞。这次星系大撞车的后果很严重，可能导致太阳系被抛出银河系！这一"事件"最早在70亿年之后就会发生，并且无可避免。看来，仙女星系这个"仙女"并不温柔，甚至还有些霸道呢！

仙女星系

"与世无争"的太阳系

相比"霸道"的仙女星系，太阳系可是"温柔"许多呢。专家确信，尽管银河系和仙女星系发生碰撞，然而太阳系的轨道几乎没有任何可能与另一恒星的轨道相交。

换言之，即使未来的星空

太阳系休息区

会变得面目全非，地球和她的姐妹们在未来数十亿年里仍将留在太阳系大家庭里，大家各行其道，相安无事。看，太阳系果然是宇宙中的一块太平宝地啊。

四辆"挖土卡车"的大撞击

2007年，美国天文学家宣称，他们借助斯皮策太空望远镜成功观测到四个巨大的星系团相互发生碰撞，并合并成了一个人类迄今为止观测到的最大规模的星系。

参与"混战"的这四个巨大的星系每个都至少有银河系那么大，每个星系包含了数十亿颗恒星。如果把大多数星系合并比作紧凑型轿车"温柔"碰撞的话，那么此次星系碰撞的程度，就好像四辆巨型挖土卡车的猛烈撞击，致使星云四溅。合并以后的超大星系质量非常可观，约为银河系的10倍！

飞向月球的"卫星炸弹"

时间：10月2日　　**天气**：阴

考察目标：来自地球的"叩门声"——撞击月球行动

困难指数：🛸🛸🛸🛸

　　虽然月球已濒临"死亡"，其主要内部能量已于31亿年前释放殆尽，但它仍然对我们具有强大的吸引力，各国科学家一直没有停止过对它的实地探测。

　　2008年，美国制订了一项名为"深度撞击月球"的计划，以探测月球上可能存在的水。第二年10月，经过近4个月的飞行，美国半人马座火箭、月球坑观测和传感卫星相继撞击月球南极地区。行动十分成功，不仅在月球表面撞出了大约有三分之一足球场那么大、一个游泳池那么深的大坑，而且激起了大

量的月球土壤灰尘和碎片。

在这些宝贵的资料中，美国科学家们不但发现了大量以冰的形式存在的水，还发现了二氧化碳、碳氢化合物、硫黄等化合物和汞、银、钠、镁等金属成分。这让人们长期争论的话题——月球上到底有没有水——画上了句号！

在现今的国际航天领域，撞击月球已经成为结束月球探测器"使命"的普遍方式，这比让探月航天器因为燃料耗尽而坠落月球"高明"多了！2009年3月1日16时13分10秒，我国的"嫦娥一号"卫星也以每秒1.68千米的速度"奋不顾身"地撞向月球，完成了最后的光荣使命。

来自地球的"叩门声"不断在月球上响起，各国发射的运载火箭和卫星连续上演撞月大戏，把人类的探月活动推向了又一个高潮。

不要轰炸月球

"撞月计划"在美国遭到不少批评人士的质疑，一些人还发起了"帮助拯救月球"的活动，希望让月球在未来免遭攻击，并且建立了一个名为"不要轰炸月球"的网站。

对此，美国航空航天局解释说，月球坑观测和传感卫星撞击月球不会对月球造成任何破坏，撞击给月球带来的影响与一根睫毛落在喷气式飞机上的效果差不多，根本不必担心撞月会改变月球轨道或撞出太空巨石砸向地球。

月球的"皮肤"

美国阿波罗登月计划和苏联探月计划曾从月球上采集了380多千克的岩石样品，让人类第一次触摸到月球的"皮肤"。但由于技术限制，

这些样品的采样点主要集中在月球正面；而找到月球背面的陨石，则比中大奖还难。目前，全球一共找到130多块来自月球的陨石，其中，来自于月球背面的陨石不超过5块，还不足总量的4%。

月球的"绿洲"

月球南极的凯布斯坑是美国2009年撞月行动的主要目标，撞击后发现的元素种类之多，使科学家惊喜不已，他们说："这个地方就像是一个元素宝库！"

据估计，在这里发现的水和水蒸气的含量占凯布斯坑总质量的5.6%，土壤中含有水的浓度比预期要高。水和其他元素如果加在一起的话，总含量将占凯布斯坑土壤总质量的10%~15%，这远远超出了预期，怪不得科学家们惊叹找到了月球的"绿洲"。

太阳的"老年斑"

时间：10月3日　　**天气**：晴

考察目标：爱捣乱的"黑影"——太阳黑子

困难指数：

太阳是光明的象征，可太阳上常常会出现黑斑，也就是"太阳黑子"。我们知道，人越老脸上的斑就会越多。而有趣的是，科学研究认为，黑子越多也说明太阳越老。看来，这些黑子就是太阳公公脸上的"老年斑"呢！

黑子并不是黑色的，它只不过是太阳表面的低温区而已。要知道，太阳的表面温度有6000摄氏度，而太阳黑子的温度在4500摄氏度左右，这样，在亮背景下就会显得黑暗了。

黑子其实是太阳表面一种

炽热气体的巨大旋涡，它们很少单独活动，经常成对或成群出现。每个黑子群由几颗到几十颗黑子组成，最多可达100多颗。黑子群一般有两颗主要的黑子，按太阳自转方向，位于西面的叫作"前导黑子"，位于东面的叫作"后随黑子"，在它们之间还有无数小黑子填充其中。千万不要以为黑子很小，要知道，一颗小黑子的直径大约有1000千米，而一颗大黑子的直径则可达20万千米呢！

黑子的变化大约11年为一个周期，这个数据是19世纪初德国一个名叫施瓦贝的天文爱好者推算出来的。施瓦贝喜欢用投影的方法观测太阳黑子，每天以此作为消遣，25年之后，他归纳出了太阳黑子的变化周期。

这个周期里有极盛时期，那时太阳表面不断地遍布着黑子，叫作"太阳活动峰年"；还有极衰时期，那时常常一连几日、几周甚至几个月没有一颗黑子出现，称为"太阳活动谷年"。

寿命长短不一

太阳黑子存在的时间有长有短,有的寿命只有一天,有的却有几日,个别的寿命可长达好几个月呢!而且据科学家观察,一般来说,大的太阳黑子寿命较长,小的太阳黑子寿命则较短。

黑子长什么样

中国是世界上公认的最早发现黑子的国家。2000多年来,人们对太阳黑子形状的描述多种多样,大体可分为三大类,有圆形:如钱币、如桃、如李、如栗、如环、如弹丸;有椭圆形:如鸡卵、鸭卵、鹅卵、瓜、枣;也有不规则形:如立人、如飞鹊、如飞燕,真是无所不有啊!

黑子"大捣乱"

当太阳上有大群黑子出现时，它引发的磁暴现象会使指南针乱抖，不能正确地指示方向；平时很善于识别方向的信鸽这时也会迷路；无线电通信也会受到严重阻碍，甚至会突然中断一段时间；这些反常现象还会使飞机、轮船和人造卫星的航行安全受到很大威胁；当地球的磁场和电离层被干扰时，还有可能在地球的两极地区引发极光。

黑子带来的"烦恼"

黑子多的时候，地球上气候干燥，农业丰收；黑子少的时候，地球上气候潮湿，暴雨成灾。黑子多的年份，树木生长得快，小麦的产量较高，小麦的蚜虫也较少；黑子少的年份，树木生长得慢，连人的肚子都觉得饿得很快。这样看来，似乎黑子多是好事。不过，任何事都有利有弊，黑子数目增多的时候，地球上的地震也多。地震次数的多少，也有大约11年左右的周期性，真是令人苦恼！

抓住万物的"大手"

时间：10月5日　　天气：晴

考察目标：无形的吸引力 —— 地球重力

困难指数：🛸🛸🛸🛸

如果有一天，周围的人、家具、汽车以及那些放在桌上的铅笔纸张等等都成了无根之物，开始随处飘浮时，那一定是地球重力消失了！

地球重力是万有引力的一种表现，它看不见，摸不着，却无时无处不在。

任何两个原子之间都相互存在吸引力。桌上摆着的两个高尔夫球之间似乎没有关系，可实际上这两个原子集合之间存在着轻微的引力。将高尔夫球换成质量巨大的铅块，并采用高精度的测量仪器，就可以把它们之间的吸引力测量出来了。再夸张些，把高尔夫球换成像地球这样由无数原子组成

的质量庞大的物体，其吸引力更加显而易见。

如果地球没有重力，那么，开始飘浮的不仅仅是铅笔和纸张，更严重的还有我们赖以生存的两样东西——大气，以及海洋、河流、湖泊里的水，它们同样都是靠地球重力才得以环绕着地球或留在地表上的。

没有了地球重力，空气会逃逸到太空中，大气层将不复存在。没有了大气，所有的生物都将灭亡，所有的液体也都会消失。总而言之，地球重力消失的那一刻，就意味着世界末日的到来，无人幸免！

为了维持我们赖以生存的世界现状，地球重力必须始终如一，不能发生任何变化，而这里的关键就是地球的质量恒定。幸运的是，短期之内，地球质量将不会发生大幅度变化，因此地球的重力也将保持稳定。

突然增重一倍

如果地球重力突然增加一倍，后果会怎么样呢？答案揭晓：所有物体的重量都会增加一倍。这时，房子、桥梁等在地球重力大幅度增加的情况下，很可能会马上崩塌。许多植物在面对这样巨大的变化时也将难以生存。与此同时，地球大气压也会加倍，将对气候环境造成严重的影响！

"缺少吸引力"的水星

在太阳系的八大行星中，水星离太阳最近，受到的太阳光照也最强烈，水星上白天的温度高达427摄氏度，这样的温度足以让水立刻沸腾，并蒸发得一干二净。水星如此"热烈"的另外一个重要原因是，水星比地球小很多，它的半径大约是地球半径的三分之一，质量只有地球质量的5.62%。

弱弱的水星缺乏引力，根本不能吸引住水，因此，即使水星上原先有很多水，那些水也早已蒸发成水汽，像脱缰的野马一般逃逸到太空中去了。

成也重力，败也重力

月亮是距离地球最近的"邻居"，它的个头比地球小很多，如果把地球比作一个橘子，月亮就像一颗樱桃。地球用自己的重力吸引住月亮，使它不停地绕着自己转圈，就像一位忠诚的卫士。

而月球本身就没有这样的"魅力"了，因为月球上的重力只有地球重力的六分之一，所以连空气都留不住，无法形成大气层，导致月球上面几乎是真空的。

哭着离开行星宝座

时间：10月6日　　**天气**：晴

考察目标：被降级的行星——冥王星

困难指数：

开除
冥王星

冥王星曾被认为是离太阳最远的一颗大行星。1930年3月13日，美国天文学家汤博发现了它，国际天文学界很快把它列为太阳系中的第九大行星。

但是随着天文观测水平的提高，对冥王星的质疑也越来越多，其中主要有两点：一是它的质量太小，质量仅为地球的0.3%，还不及月球；二是它的轨道偏心率太大，远远大于其他八

大行星。除此之外，还有一个最关键的问题：冥王星并不像其他的八颗行星一样，在一个很单纯的轨道上绕太阳运动，它的运行轨道附近还存在一大堆小天体，和它大小接近的就达1000多颗。

于是科学家推断，和冥王星一起绕太阳运转的直径大于100千米的天体达10万颗左右，很像小行星带的情形。这么多小天体和冥王星一起在一个轨道上运动，只不过冥王星是最早被发现的那颗而已，而且它也不是最大的，所以，冥王星的地位岌岌可危。

令冥王星"担忧"的事终于发生了：2006年8月24日，在捷克首都布拉格举行的国际天文学联合会第26届大会上，天文学家对太阳系内的天体进行了重新分类，新增加了一组独立天体——矮行星，就是介于行星与小行星之间的星体。

联合会还投票通过决议，把冥王星开除出行星之列，将它归于"矮行星"。最后，冥王星只得依依不舍、但也无可奈何地走下了曾经风光无限的大行星宝座。

"不和女神"引起的争论

厄里斯是希腊神话中的"不和女神"，在古希腊神话中，她引发了三位女神的争吵，并间接导致了特洛伊战争。

而现实中，同样名为厄里斯的矮行星也不是好惹的，正是它的发现引发了有关行星资格的争论，最后酿成了冥王星被开除的"悲剧"。

又一次丢了面子

冥王星在2006年8月被开除出行星队伍之后，就自然而然地被认为是矮行星中的龙头老大。然而，到了2007年6月，两名美国科学家测算出了矮行星厄里斯的精确质量，约比冥王星大27%。

厄里斯虽然只有月亮一半大，但"身材"比冥王星魁梧，两者的直径分别为2400千米和2270千米，所以，它才是已知最大的矮行星。

面对质量超过自己的新秀，冥王星又一次丢了"面子"，它不得不将矮行星老大的地位拱手让了出来，退居第二。

《抗议冥王星降级请愿书》

在冥王星被从大行星俱乐部中除名之后，数百名科学家曾联合起来抵制这一决定，更有12名天文学家联名在英国《自然》杂志网络版公开发表了《抗议冥王星降级请愿书》，严重质疑国际天文学联合大会通过投票表决的方式让冥王星离开"行星宝座"的做法，认为投票天文学家只占全球天文学家的5%，所以这绝对是一个"草率"的决议！

寻找火星生命

时间：10月8日　　　　**天气**：晴

考察目标：目前"最完美"的火星探测计划
　　　　　　——登陆火星探测计划

困难指数：✦✦✦✦

　　登陆火星是全人类的伟大梦想。2007年底，美国航空航天局公布了一份详细的"登陆火星探测计划"，宣称2031年将会发送一艘重达400吨的星际载人飞船前往火星，实施长达30个月之久的火星探测计划。

　　虽然美国航空航天局坚信，这个计划"目前已经是最完美的"了，但火星距离地球路途遥远，作这样一次"远离太阳"的外太空飞行，是人类从未尝试过的。我想，困难之大肯定要远远超出人们的想象！

首先要解决的是宇航员的"吃饭"问题，需要补给的养料包括水、空气和食物。据称，在这艘星际太空船上，将会有一个"封闭循环系统"，这个系统中的水和空气都将会被循环使用。另外，在飞行过程中，科学家们还会在太空舱内培育一些新鲜植物来自给自足。

保护宇航员免遭宇宙辐射，也是一个重要的方面。由于失去了大气层的保护，宇宙飞船暴露于外太空，将直接面对太阳辐射长达30个月之久，而且这段时间内很有可能发生太阳风暴，宇航员即使身处飞船内也将面临危险。另外，在登陆火星之后，走出机舱的宇航员也可能暴露于火星表面超强的宇宙辐射中，对此，美国航空航天局必须拿出有效的方案。

最后，火星上未知的恶劣气候也将成为阻挠登陆的因素之一，因为火星除了温差变化极大之外，还随时可能发生大规模的"尘暴"，让前来造访的"不速之客"陷于松软的沙土中不能自拔。

最昂贵的火星探测器

2003年，美国的两个火星探测器"勇气"和"机遇"一前一后踏上了奔赴火星的征途。

这两个火星探测器看上去都只有一辆电瓶车那么大，但它们基本糅合了以往美国火星探测器的最大优点，并且各自装备了最多功能的设备。虽说两辆火星车的体形同高尔夫球手推车差不多，但它们一定是世界上最昂贵的"推车"，其总价值高达8.2亿美元呢！

人类发射的最复杂的机器人

"勇气"和"机遇"火星车可以称得上是人类发射的最复杂的机器人，它们的顶部桅杆式结构上，都装有全景照相机和微型热辐射分光计，位置与人眼高度相当，可帮助火星车确定火星上哪些岩石和土壤区域最有探测价值。车上还有一个末端装备了各种工具的"手臂"：

工具之一为显微镜，可以超近距离对火星岩石纹理进行审视；还有一个相当于小镜子的工具，能除去火星岩石表面历经岁月沧桑的岩层，为研究岩石内部构成提供了方便。

轻伤不下火线

在到达火星的前几周，"勇气"火星探测器因为无法解决的软件问题，一度与地面失去了联系。就在专家们决定宣布它已经"死亡"的时候，一切又奇迹般地恢复了正常。

原来，在刚到火星之初，它就"受伤"了，在着陆的时候，六条支撑腿中的一条不知道什么原因放不下来，但它硬是一跛一跛顽强地进行着自己的探测任务，真可算得上机器人中的劳动模范！

月球

方舟

"备份"地球物种和文明

时间：10月10日　天气：晴

考察目标：异地保存人类文明的终极设想
——月球上的末日方舟

困难指数：

核战争、小行星撞击或瘟疫流行等大灾难随时可能给地球带来毁灭性的破坏，为此，欧洲宇航局的科学家们计划到月球上修建"末日方舟"，为地球物种的DNA样本和人类文明建立异地"备份"。一旦地球遇到灭顶之灾，月球上幸存的人类文明种子就会在此刻被激活！

"月球方舟"的最原始版本包括一些储存人类知识的光碟或硬盘，包含了生命的DNA序列、冶金知识和作物种植等重要信息。为了避免这个数据库受到月球上极端气温、辐射和真空环境的影响，它会被掩埋在岩石下，并由太阳能提供部分能量。

相对应的，地球上则会建立4000个"地球储藏室"，里面装有食品和水，还有一些信号接受器，可以随时接收"月球方舟"发送的无线信号。"地球储藏室"将被建在坚固的地下掩体中，即使遭遇核爆炸也能安然无恙。

一旦"地球末日"来临，没有接收器幸存时，"月球方舟"将继续发射信息，直到新的接收器被重建为止。而在将来，这些月球上的方舟还将储存更多的东西，包括微生物、动物胚胎、植物种子甚至博物馆的文物。

透明生物圈

为了模仿地球大气层，科学家将先在月球上建造一个透明的生物圈。这是一个人造的封闭环境，郁金香、藻类，以及富含各种化学成分的月球土壤，将共同构成一个最基本的模拟生态系统，以检验地球上的有机体能否在月球环境中存活。

该生物圈中充满了各种气体，植物腐烂所释放出的二氧化碳将被藻类"吃掉"，然后通过光合作用产生出氧气。而郁金香之所以成为理想的试验植物，是因为它所需的营养物质极少，并且在冷藏后可以经受长途运输，曾被广泛应用于太空试验。

植物诺亚方舟

在距离北极点约1000千米的挪威斯瓦尔巴群岛的一处山洞中，有一座"末日种子库"：约1亿粒世界各地的农作物种子被保存在零下18

摄氏度的地窖中。该种子库堪称全球最安全的基因储存库，其安全性可比美国国家黄金储藏库，甚至可以抵御地震和核武器。

月球方舟真的有用吗

月球方舟计划的怀疑论者们认为，如果地球上的幸存者发现自己回到石器时代，连如何熔化金属、如何种植粮食都要靠月球上的无线电来教的话，他们又怎么可能制造出无线电接收机来呢？

"基因银行"计划

美国科学家曾建议在月球上设立"基因银行"，一旦地球上发生大灾难，幸存的人类就可以利用月球上储存的人类精子和卵子样本，通过试管受精手术繁育出更多的人来。

带领人类冲出太阳系

时间：10月12日　**天气**：阴

考察目标：建立星际殖民地——"百年星舰"计划

困难指数：🛸🛸🛸🛸🛸

从1973年到1978年，英国行星协会发起的"代达罗斯计划"就探讨过进行星际旅行的可能性，并认为从理论上来说，人类利用现有或未来数十年的科技在有生之年进行星际旅行是完全可能的事情。

可是30多年过去了，我们还在原地打转。这不，2010年，美国航空航天局又提出了一项名为"百年星舰"的宇宙探索计划，希望在一百年内能够让人类冲出太阳系，抵达其他遥远的星球，我希望这次一定是真的！

和美国灾难大片《2012》中末日方舟的建造过程一样，"百年星舰"计划需要开发出成熟的长距离载人宇宙方案，耗费巨大，因此直到两年后，这个项目才获得足够的启动资金。

　　计划的第一个目标是火星或火星的两个卫星。由于目标遥远，宇航员几乎不可能返回地球，所以在出发前必须致力于打造持续百年太空飞行的星际飞船以及可行性星际技术。

　　星舰上不仅要提供可以模拟人造重力的旋转舱，还要具备零重力环境下的食品种植系统。另外，飞船还需搭载适合人类长期生活在宇宙中的生命维持系统，直到到达目标星球后，在那里建立一个人类的星际殖民地。

　　"百年星舰"计划的首任机长是1992年进入太空的首位黑人女宇航员梅·杰米森，她有信心将会使星际飞行梦想成真！

有去无回的旅行

星舰机组人员开始星际旅行时，必须明白他们要耗费一生的时间才能抵达另一个外星世界。试想一下，在长约50年的时间中一直进行"星际旅行"，即使一个宇航员20岁时出发，抵达目的地时也将70岁高龄了，是否真的会有宇航员愿意将一生的时间都献给危险的星际旅行事业还不得而知。星际旅行看起来更像是一项巨大的社会实验，所以，星舰必须要像一个可以完全自给自足的小城市，才能承载宇航员的一生。

在旅行中繁衍后代

由于星际旅行中任何通信信号都可能要花好几年时间才能传回地球，因此宇航员们必须具备极强的心理和身体素质，甚至为了传宗接代，他们必须在星舰上生儿育女，繁衍后代。所以，星舰必须能够有效地屏蔽宇宙射线，避免宇航员遭受损害，因为宇航员DNA分子的健康涉及百年星际旅行中人类后代的体质。

代达罗斯计划

英国"代达罗斯计划"的研究人员设计出了一种"星际旅行"太空船，它重达5万吨，由核聚变能源驱动，能以12%光速的速度高速飞行。根据这一速度，人类只需要花50年左右的时间就可以抵达距太阳系最近的恒星系统——距离地球约4.22光年的半人马座阿尔法星系。如果"百年星舰"计划借用这种太空船的设计，则完全可以实现目标。

人类首次发现"太空动物"

时间：10月15日　　**天气：**阴

考察目标：能在太空真空和太阳辐射下幸存的"太空动物"——缓步类

困难指数：

人类、大猩猩和犬类可以在太空生存吗？答案是肯定的，但仅仅是几分钟。几分钟后，人和动物肺内的空气开始膨胀，血液中的气体开始变成泡泡，嘴里的唾液也开始沸腾，游戏马上就结束了！

不过，2008年9月，欧洲科学家发现了一种可以在太空真空环境中生存的动物——缓步类，它们也被称作水熊。不仅仅是太空，它们中的一部分还可以同时在太空真空和太阳辐射的条件下生存，这是人类迄今为止发现的唯一一种可以在双重严酷条件下存活的动物。

缓步类动物分布在地衣类、苔藓类植物、土壤、山顶和4000米的深海中。我在显微镜下观察过这类动物的身体，它们的体形很小，幼虫的身体长度仅0.5毫米，成熟后也只有1.5毫米。

为了测试缓步类动物的太空生存能力，它们曾被放在欧洲航天局2007年9月发射的fotonⅢ无人太空实验舱里，在距离地球表面258千米的高空绕地运行，完全暴露在太空环境中有10天之久。果然，它们在太空环境中都生活得很好，和在地面上几乎没有多大区别。但是，在经受太空真空和太阳辐射的双重考验后，当这些标本最终被放回水中的时候，只有10%存活了下来，并且所有的幼虫都没有孵化出来。尽管如此，这也是人类迄今为止发现的第一种在双重考验下，仍然有样本存活的动物！

会自我修复的细胞

在遭受太阳辐射的时候，没有数据显示缓步类动物的体内在发生变化，它们为什么能在严酷的太空环境下毫无损伤地存活？有人推测是缓步类动物的皮层可以帮助它们抵御太阳辐射。虽然这一观点尚未得到普遍认同，但不管怎么说，缓步类动物肯定有一种特殊的细胞机理——可以修复由辐射带来的伤害，或者直接抵御太阳辐射。

嘿嘿……

"超级坚强"动植物名单

科学家发现，还有一些"超级动物"也和缓步类动物一样，具备高度抗干燥的能力，它们包括轮虫类、线虫类，如蛔虫、可抗干燥的昆虫幼虫，还有甲壳类如蟹。另外，缓步类动物赖以生存的地衣类植物和一些相对低等的菌类也可以在太空环境下长期生存。看起来，地心引力的缺失和强烈的温差对它们的生活没有多大影响。

有望担当星际旅行重任

　　星际旅行可能会花费一代或数代人的时间，人类目前尚没有能力进行如此长期的实验。但是，至少有一部分缓步类动物在星际旅行最开始的10天里可以完好地生存。虽然它们依附生存的苔藓类植物很容易干燥，但在没有湿气的情况下，缓步类动物通常也能存活10年以上。

除此之外，缓步类动物还对太阳紫外线具有高度的抵抗能力。所以，只要能找到一个比太空温和一些的环境，缓步类动物就可能繁殖、生存，绝对有望担当星际旅行的重任。

光速

感受超光速飞行

时间：10月16日　**天气：**晴

考察目标：星际旅行者的福音 —— 超光速飞行

困难指数：✈✈✈✈✈

　　带着探测地外文明重任的美国"先驱者号"和"旅行者号"系列飞船，在茫茫宇宙中已经飞行了几十年。现在，它们仍然以每秒17.2千米的速度不停地向宇宙的深处飞去。

　　但这样的速度对于星际航行来说，还是太慢了。就算只是到离地球最近的恒星比邻星，也将是10万年以后的事了。

　　如果要去往距离地球4.37光年的半人马座阿尔法星——一颗很可能存在适宜生命的类地行星，即使依靠最高速度为每小时约28300千米的传统火箭携带太空飞船上天，也需要16.5万年的时间才能抵达。而且，传统火箭根本无法携带足够

的燃料。

话说回来，即使这些飞船能以光速飞行，对于直径10万光年的银河系来说，我们也只能望洋兴叹。所以，人们迫切期望能够出现一种运行速度比光速更快的飞行器。

1988年，美国工程师奥伦斯基宣称自己在实验中发现了运动速度比光速快100倍的信号。但是，许多物理学家认为他的实验有漏洞，不足为证。

1995年的时候，英国伦敦大学的伊恩·克劳福德指出，根据现代物理学理论，有两种进行超光速飞行的办法：一种是通过所谓的"虫洞"，即物理学理论中假设的由强重力场造成的缝隙来完成；另一种是通过压缩自然距离的方法即"空间翘曲推进"来实现，这给人类进行超光速的太空旅行开拓了无限的想象空间。

虫洞

反物质能源将成主要动力

英国著名理论物理学家斯蒂芬·威廉·霍金曾表示，人类未来必将会离开太阳系寻找别的可生存行星，反物质能源将是星际旅行飞船的主要动力。利用物质和反物质对冲产生的能量，使飞船达到亚光速，这样我们仅需6年时间就能够飞抵最近的恒星，这一时间对于星际旅行者来说还能接受。

轻松的"光航行"

"光航行"依靠光束提供的轻微推力，进行轻便反射的航行。与传统的光学推进方式相比，"光航行"的最突出优点是不需携带燃料。光航行不仅可以利用来自太阳的大量光能，还可以利用激光束

提供额外动力，从而大大提高飞行速度。

不现实的氢气引擎

有科学家想到使用电磁场，通过吸引氢来为核动力火箭提供燃料，具体方法是把核燃料做成很多细小的颗粒——微粒氢弹，然后通过激光或者粒子来加热到极高温度并引起微粒氢弹爆炸，产生的冲击波和粒子流将形成反作用推力，而逐个点燃微粒氢弹可获得脉动式的持续推力。

但不幸的是，这种喷气引擎可能无法工作，因为星际媒介并不像我们想象的那么密集。

"炸"越太空

乘坐飞船通过爆炸的方式穿过太空是一个大胆的设想，这种"脉冲推进"要求在带有防护板的飞船后扔下许多炸弹，爆炸会冲击防护板，推动飞船前进。

这样就可以使飞船速度提高到光速的10倍，那么抵达较远的半人马座阿尔法星也只需要60~70年时间了。

太空中的动物"敢死队"

时间: 10月17日　　**天气:** 晴

考察目标: 太空尖兵 —— 动物"航天员"

困难指数: ⚛⚛⚛⚛⚛

地球上第一个升入太空的人——苏联宇航员尤里·加加林理所当然地被认为是太空英雄。但是，在我看来，那些被送入太空代替人类打头阵的动物敢死队员们才是太空探索的真正先驱。

二十世纪五六十年代，至少有57只太空犬被苏联安排执行太空任务。就在1961年4月12日加加林进入太空之前，就至少有10只太空犬被送入了空间轨道，共有6只生还。

1960年8月19日进入太空的小狗贝尔卡和斯特里尔卡是首批成功环绕地球并活着返回的地球动物，它们总共在太空中待了25个小时，期间飞船绕

地球飞行了17圈。

　　与苏联相比，美国更喜欢用猴子和猩猩进行太空探险。经历太空旅行后首次幸存下来的两只猴子，是猕猴艾伯尔和松鼠猴贝克。1959年5月28日，它们搭乘美国"朱庇特"导弹升到距离地面482.80千米的高空，它们待在火箭的最前端，承受了正常重力38倍的拉力长达9分钟，最终安全返回地球。

　　还有"王牌猩猩航天员"哈姆和伊诺斯，1961年1月31日，哈姆作为宇宙飞船"水星号"的唯一乘客被送入离地260千米的空间，成为第一个到达外太空的类人动物。10个月后的11月29日，伊诺斯比哈姆走得更远，它在太空中完成了1小时28分钟的旅行。

　　进入太空的其他种类的动物还有老鼠、兔子、猫、豚鼠、青蛙、乌龟、蜜蜂、果蝇、蜘蛛、蚕、蝾螈、甲虫、水母等，它们可都是勇敢的动物航天员呢！

孤独的单程太空之旅

1957年11月3日，小狗莱卡搭乘苏联"史泼尼克2号"卫星进入轨道，成为第一只冲出地球大气层的狗。

但是，此次旅行只出售单程票，由于不知道如何收回该卫星，莱卡在进入轨道几小时后死亡。

为了纪念这只勇敢的小狗，苏联在当年就为莱卡发行了纪念邮票，它后来还成了苏联一种香烟的商标。

在莫斯科郊外的航天和太空医学研究所，还有一个莱卡纪念馆。当年，莱卡和其他九只小狗就是在这里接受训练的，而最后只有它被选中踏上了孤独的太空之旅。如今，全世界至少有六首歌曲是为莱卡谱写的，描述了它那次孤独的单程太空之旅。

雌性流浪狗成为太空犬首选

苏联的太空犬大都出身卑微，之前都是莫斯科的流浪犬，而且都是雌犬。科学家们觉得它们可能比家犬更能忍受太空飞行的严酷环境，而选择雌犬的原因则是因为它们较雄犬性情温和，且不需要抬腿尿尿。

资深太空"宇航犬"

苏联有多位经验丰富的太空犬宇航员，奥特瓦日纳亚便是其中一个。自1959年7月进入太空起，它总共进行了五次太空飞行，这和它名字的意思"勇敢者"十分相符。而另一只叫"雪花"的太空犬更厉害，它在1959年至1960年间共往返太空六次。

运动速度最快的龟

世界上运动速度最快的龟大概要算一只名叫"Horsefield"的龟了。苏联人于1968年把它送到了外层空间，它也因此成为第一个进行绕月飞行的活生物。

搭电梯圆太空梦

时间：10月19日　　**天气**：晴

考察目标：直通宇宙的太空升降机——太空电梯

困难指数：★★★★

　　在天地间修一架电梯，让大家上太空就像出国旅游一样方便，我这异想天开的念头会有实现的一天吗？

　　俄罗斯科学家早就想到了要建立一条通往太空的固定连接线。1978年，著名科幻作家阿瑟·克拉克的科幻巨著《天堂的喷泉》让这一设想广为人知。在文中他这样写道："从位于地球静止轨道上的一颗卫星上向下伸展出一个梯子，直达地球赤道表面，人们便可以像乘坐电梯一样到太空中去观光游览和运送货物。

好高呀！

基座之所以设在赤道上，因为这样从地球同步轨道上垂下来的距离最短。"

可是，去哪儿寻找这样一种材料，其强度足以用来制造如此长的缆绳，而且又能够承受极端温度的考验呢？现在，科学家们发现了一种被称为"碳纳米管"的材料，它比钢铁强20倍，一根直径仅为人的头发丝1/1000的纳米管可以承受比其自身质量大5万倍的重物。有了它，"天梯计划"就有了实施的可能。

不过，又有科学家指出，向3万千米外的太空发射各种电梯建设材料花费巨大；这种太空电梯一旦因严重事故而崩塌，空中和地面的损失也将十分惊人。可是，太空电梯一旦建成，收获也非常巨大：太空升降舱上天不需要携带大量燃料，所耗能量不过为宇宙飞船的1%，用它运送一个人和行李的费用仅相当于目前用航天飞机运送的0.25%！

何去何从，真的很难取舍！

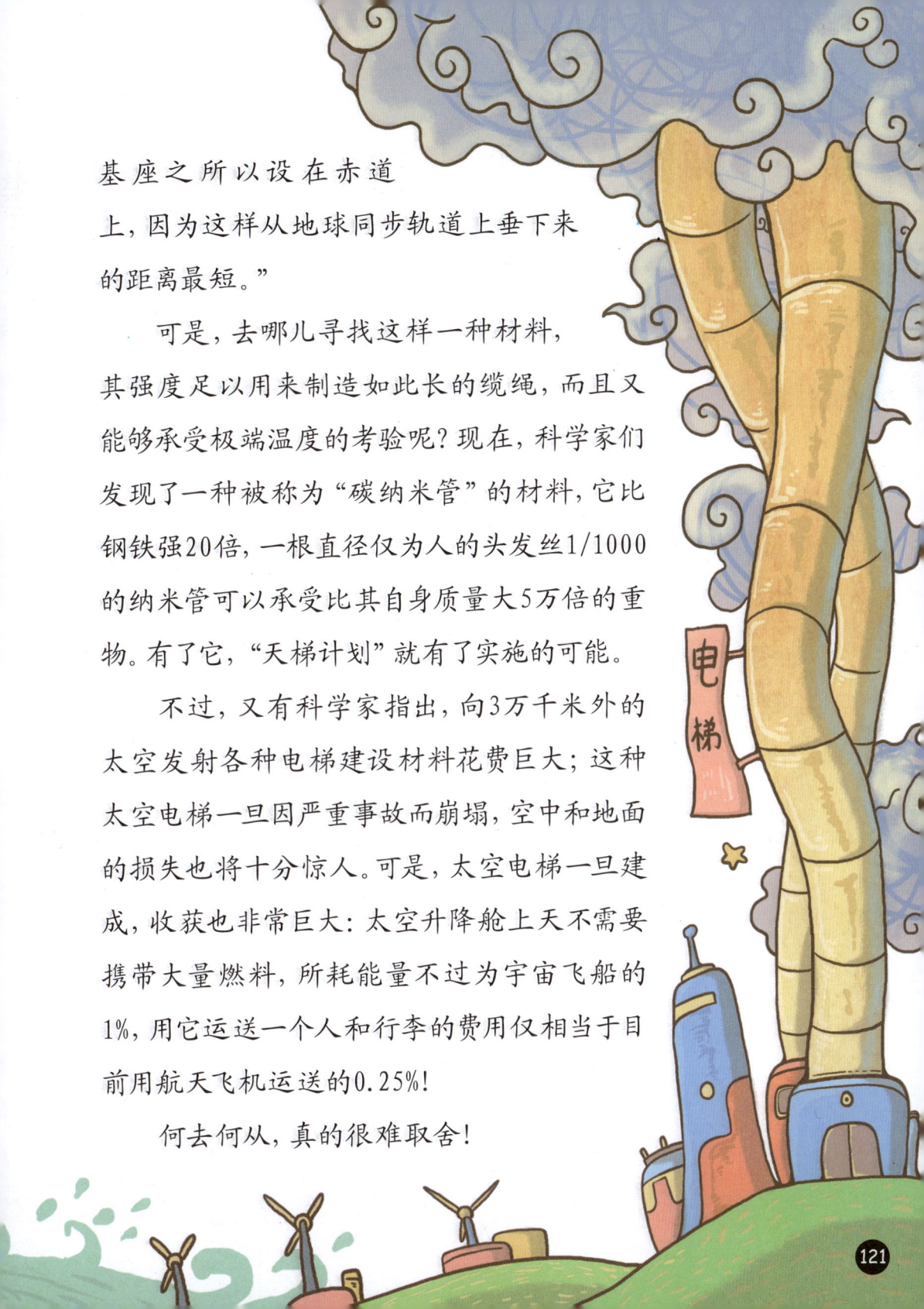

电梯

危险的摆动

摆动问题可能会成为影响太空电梯能否正常运行的关键因素。因为这条通天的缆绳预计将长达10万千米，而任何一处出现微小的摆动都会导致整根缆绳出现很大的振幅，比如在太阳和月球的引力牵引作用下，以及在太阳风的压迫之下，发生大幅度的摆动都在所难免。

这种可怕的摆动不仅会使"天梯"上的人和货物摔落下来，还有可能让太空电梯碰撞上卫星或者太空垃圾残骸，导致绳索断裂。一旦太空电梯失事，所产生的毁灭性后果将不堪设想。

2050年有望登梯

　　日本大林建设公司公布的建造太空电梯的计划显示：希望到2050年，让人们有机会"站"在太空中欣赏宇宙美景。该太空电梯每次可以同时搭乘30名游客，并且将以200千米的时速上下，抵达高度3万千米的太空站，单程预计需花费一周的时间，但乘客们基本不需要接受任何太空旅行方面的训练就可成行。

激光作动力

　　如何解决太空电梯的动力问题呢？2009年，在美国举行的太空技术设计大赛上，"激光动力自动攀登者"的设计获得了大奖。该设计利用来自地面的强激光作为无线动力，将升降车沿着缆绳送到了900米左右的高空，并且从地面升到最高点只用了4分多钟的时间。

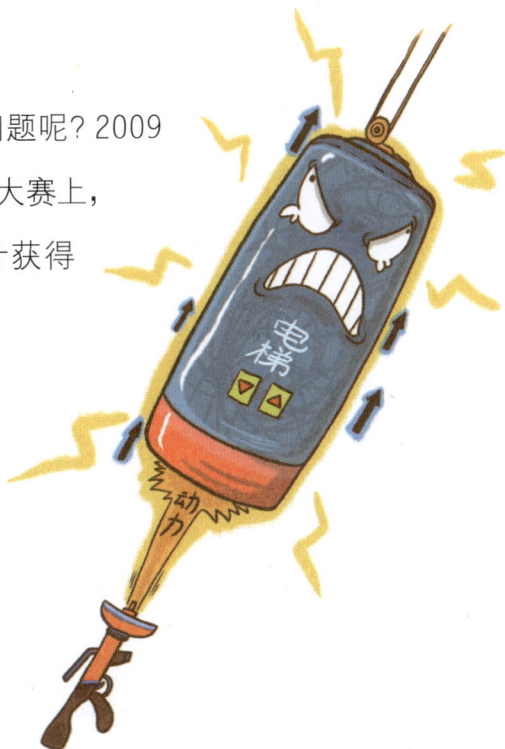

宇宙"交通事故"肇事者

时间：10月20日　　　天气：晴

考察目标：令人担忧的飞行碎片——太空垃圾

困难指数：✦✦✦✦

　　我在太空漫步的时候，遇到过许多飞舞的垃圾。它们有的比一辆载重卡车还大，有的只有一颗螺丝钉大小。它们以每秒钟7~10千米的速度在运转，久而久之就编织成了一张可怕的太空"垃圾网"。

　　太空垃圾有的来源于爆炸的航天器，比如2001年3月坠毁的俄罗斯"和平号"空间站，它虽然为人类太空探索做出

好多太空垃圾呀！

过重大贡献，但也在运行过程中产生了200多包垃圾：有的来源于宇航员的过失行为，比如减压舱门打开时，飞船里的一些用品就会被太空"吸"出去；有的来源于宇航员的生活废弃物，当时宇航员的环保意识不像现在这么强，总是有人将它们直接丢弃到茫茫太空中；有的是失效卫星和火箭的残骸……这些太空垃圾，要让它们重返大气层烧毁恐怕要几十年到几百年。

太空垃圾的存在会对宇航员、航天器和人造卫星造成伤害，即便是极小的一块飞行垃圾，都足以造成巨大损伤。我知道，一块1立方厘米大小的绕地飞行碎物就可以击穿每一个航天器的外壳，因为它们的飞行速度极快，发生碰撞时可以释放出极大的能量。

据统计，目前直径超过1米的太空垃圾碎片多达20万个，总共约有3000吨太空垃圾在绕地球飞奔，而其数量正以每年2%~5%的速度增加。照这样下去，到2300年，任何东西都无法进入太空轨道了。

宇宙交通肇事案

2005年1月17日,南极上空885千米处发生了一起看似偶然的宇宙"交通事故"——一块31年前发射的美国雷神火箭推进器遗弃物,与我国6年前发射的"长征4号"火箭碎片相撞,这是一起典型的太空垃圾宇宙"交通肇事案"。2009年2月,美国的一颗商用通信卫星与一颗报废的俄罗斯军用通信卫星也在太空中相撞,这是人类航天史上首次发生在轨卫星相撞事件。

捕获垃圾的"天网"

2010年8月,美国恒星公司宣布将用7年的时间,建造12架航天电动残骸清除器。每架航天器携带200张大网,将可能捕获飘浮在近地轨道的所有超过2千克的2465个可识别目标。一种设想是,残骸清除器捕获

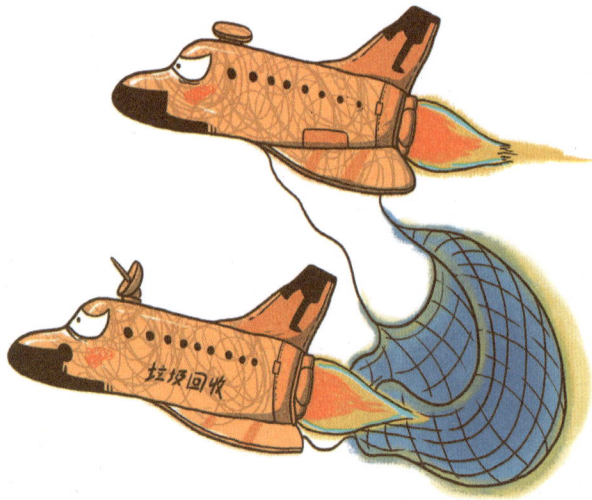

目标后，把它们扔进南太平洋，或者送到离地球更近的地方，以便它们能进入大气层烧毁或最终落下来；另一种设想是回收这些材料，收集的铝和其他材料将能被用于建造主站或存储设备。

"泡沫球"创意方案

为了清除太空垃圾，有人曾提出一个疯狂的创意方案：发射一个直径为1.6千米的巨大的非伸展性泡沫球。当小太空残骸途经这个巨大的泡沫球时，就会失去能量，很快坠落至地球表面。

但是，这种方案也有不足之处：泡沫球自身会快速地脱离轨道，因为就其大小而言，它的重量偏轻，所以很有可能会撞到正在运行的宇宙飞行器呢！

最有"钱景"的行业

时间：10月21日 🕐　天气：雨 🌧️
考察目标：最"潮"的私人度假方式——太空旅游
困难指数：🛸🛸🛸

在有生之年进行一次太空旅游，恐怕是大多数地球人的痴心妄想。不过目前至少有四种途径，可以让我们得到不同程度的太空旅游体验。

一、抛物线飞行。这种飞行并非真正意义上的太空旅游，它只能让游客体验约半分钟的太空失重感觉。游客如果乘坐

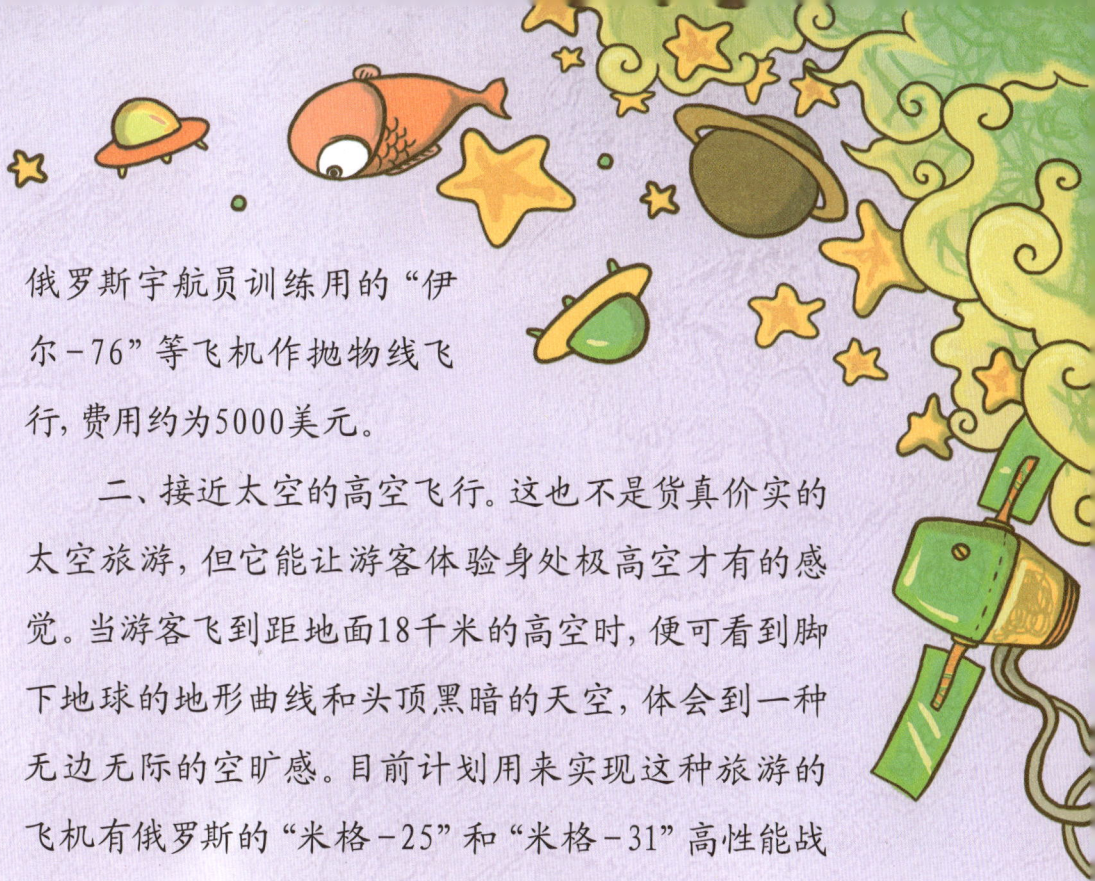

俄罗斯宇航员训练用的"伊尔-76"等飞机作抛物线飞行,费用约为5000美元。

二、接近太空的高空飞行。这也不是货真价实的太空旅游,但它能让游客体验身处极高空才有的感觉。当游客飞到距地面18千米的高空时,便可看到脚下地球的地形曲线和头顶黑暗的天空,体会到一种无边无际的空旷感。目前计划用来实现这种旅游的飞机有俄罗斯的"米格-25"和"米格-31"高性能战斗机,乘坐它们旅游的票价约为1万美元。

三、亚轨道飞行。美国私营载人飞船"宇宙飞船1号"和俄罗斯计划研制的"C-XXI旅游飞船"就是从事这种飞行的典型飞船,人们只有在火箭发动机熄火和进入大气层期间能体验几分钟失重的感觉,这种飞行的价格约为每人每次10万美元。

四、轨道飞行。这才是真正意义上的太空旅游。实现轨道飞行的工具目前主要是国际空间站,可供游客到达空间站的"客车"主要是俄罗斯的"联盟"飞船和美国的航天飞机。当然,它高达几千万美元的价格也只能让极少数亿万富翁可以梦想成真!

富人的专利

2001年，美国富翁丹尼斯·蒂托搭乘俄罗斯宇航局的联盟号运载火箭登陆国际空间站，开创了太空旅游的先河。然而，蒂托为了这次太空飞行花费了2000万美元（约合1.23亿元人民币）。

热烈欢迎！

2009年，世界上第七位太空游客盖·拉利伯特乘坐俄罗斯"联盟TMA-16"载人飞船升空，飞往国际空间站，开始了他为期11天的太空之旅。作为加拿大太阳马戏团创始人的盖·拉利伯特为了这次太空之旅，支付了超过5000万美元（约合3.07亿元人民币）的费用。

预订"船票"的明星们

英国亿万富翁理查德·布兰森爵士的维珍银河公司宣布将于近期组织首次太空游，每个席位的价格约20万美元（约合123万元人民

币）。全球已经有超过500人预订了该公司的太空飞船"船票"，其中包括好莱坞明星汤姆·汉克斯、布拉德·皮特和安吉丽娜·朱莉夫妇、艾什顿·库彻，英国物理学家斯蒂芬·霍金，英国哈里王子，以及维珍银河创始人理查德·布兰森和他的两个孩子等。

"白菜价"太空游

美国科学家提出了一项低成本"星际列车"的构想，他们将利用1600千米长的真空管道和超导电缆将磁悬浮列车送入低地球轨道。使用太空列车向轨道运送货物和人员的成本远低于使用火箭的成本，区区5000美元（约合3万元人民币）便可让太空迷一圆梦想。预计最早到2032年便可成行，每年将有400万游客可以进入太空旅游，发射点有可能会落址在中国四川。

白菜价

太空旅行

走过路过

错过

这么便宜？

当代最大的科学之谜

时间：10月22日　　天气：晴

考察目标　我们看不见的物质——暗物质

困难指数：

　　暗物质游离于人类已知的物质之外，我们知道它的存在，但不知道它是什么，它的构成也和人类已知的物质不同，的确算是21世纪初最大的科学之谜！

　　1930年初，瑞士天文学家弗里兹·扎维奇首先提出了暗物质的概念。他观察到，大型星系团中的星系具有极高的运动速度，除非星系团的质量是根据其中恒星数量计算所得到的值的100倍以上，否则星系团根本无法束缚住这些星系。也许，正是因为星系团之间充满了神秘的暗物质，才让各个星系或者星系团之间保持了一定的距离。

　　不过，扎维奇的理论并不能令很多人相信，直到1978年，才出现了第一个

令人信服的证据，这就是测量物体围绕星系转动的速度。

我们知道，根据人造卫星运行的速度和高度，就可以测出地球的总质量；而根据地球绕太阳运行的速度和地球与太阳的距离，就可以测出太阳的总质量。

同理，根据星体或气团围绕星系运行的速度和该天体距星系中心的距离，就可以估算出星系范围内的总质量。这样计算的结果发现，星系的总质量远大于星系中可见星体的质量总和。也就是说，宇宙中的大多数物质在玩"失踪"，结论只能是：星系里一定有着看不见的暗物质。

从那以后，暗物质的存在理论被广泛认同。暗物质虽然无法直接被观测到，它却能干扰星体发出的光波或引力，其存在能被明显地感受到。

暗物质

"隐身"的暗物质

　　由于暗物质很难与普通物质发生互动，它既不释放任何光线，也不反射任何光线，别说人用肉眼看不到它，就连最强大的天文望远镜都无法直接探测到它。2006年，美国天文学家利用钱德勒X射线望远镜对星系团1E 0657-56进行观测时，无意间观测到星系碰撞的过程，星系团碰撞威力之猛，使得暗物质与正常物质分开，从而发现了暗物质存在的直接证据。

暗物质的真相

　　137亿年前，宇宙发生大爆炸，能量冷却后形成了普通物质、暗物质和暗能量，目前它们在宇宙中的比例分别是4%、23%和73%。现在人类已知的两种暗物质是中微子和黑洞，但是它们对暗物质总量的贡献非常微小，暗物质中的绝大部分现在还不清楚。

据科学家推测，一些星体演化到一定阶段，温度降得很低，已经不能再输出任何可以观测的电磁信号，这样的星体就是暗物质；还有另一类暗物质，它的构成成分是一些中性的有静止质量的稳定粒子，这类粒子组成的星体或星际物质，不会放出或吸收电磁信号，也表现为暗物质。

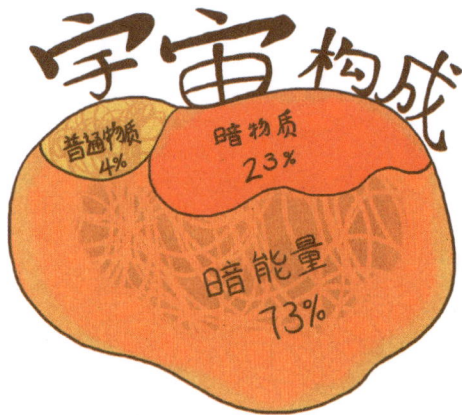

宇宙构成

普通物质 4%

暗物质 23%

暗能量 73%

暗物质撑起宇宙

我们已知宇宙的大结构呈泡沫状，星系聚集成的"星系长城"是泡沫的连接纤维，而纤维之间是巨大的"宇宙空洞"，即直径达1亿~3亿光年的大泡泡。就像屋顶和桥梁的跨度过大不能支持一样，如果没有暗物质的附加引力"帮忙"，这么大的空洞将无法维持。

宇宙

暗物质

一杆飞越苍穹

时间：10月25日　　**天气**：晴

考察目标：刷新高尔夫球历史纪录
　　　　　　——太空高尔夫球秀

困难指数：

　　2006年11月的一天，实施太空行走的俄罗斯宇航员米哈伊尔·秋林在国际空间站外打出一杆太空高尔夫球，创下连高尔夫球明星"老虎"伍兹都无法匹敌的纪录。

　　由于身着笨重的宇航服，秋林无法双手并拢握球杆，只能单手持杆。出于安全考虑，这次使用的高尔夫球重约4.5克，只有普通高尔夫球重量的十分之一。高尔夫球也没有像在地面上一样被放在球座上，而是用金属丝网包住，以避免球在失重状态下自行飘移。同时，秋林把一只脚固定在架子上。

尽管秋林的表演不算完美，挥杆有点偏右，但是，能一次击中就很不简单了，要知道，他此前只打过两次高尔夫球。

这场"太空高尔夫球秀"事实上是加拿大高尔夫球杆厂"元素21"的一个宣传噱头，此次与俄罗斯航天局合作，旨在推销即将在市场推出的新高尔夫球杆，因为新球杆使用了与空间站外侧材料相同的合金。

小小高尔夫球将穿越太空，最终进入地球大气层，在与大气的剧烈摩擦中燃烧殆尽。不过，我挺为它在太空的旅行担忧，因为在太空中，高速飞行的小球如果撞上空间站，足以产生毁灭性后果。球在太空停留的时间越久，发生事故的可能性就越大。幸好，美国航空航天局事前已经组织了十几名专家检验方案的安全性，最后认定，这枚高尔夫球的重量不足以造成严重后果，这才放心实施。

高尔夫球的"太空寿命"

俄美专家对秋林打出的高尔夫球究竟能在太空停留多久各执一词。俄罗斯宇航局说，这枚高尔夫球将环绕地球运行三年半，运行距离达40亿千米，无疑，这将刷新高尔夫球的历史纪录；而美国航空航天局则认为，高尔夫球会在三天后离开轨道，落回地球大气层，运行距离不超过300万千米。直到太空高尔夫球表演结束，双方依然没有统一的说法。

万里追踪

尽管不存在安全隐患，但美国航空航天局还是派专员时刻睁大眼睛盯着这颗太空高尔夫球的动向，而美军的航天司令部更是借这个机会检验其"太空火眼金睛"——

新型太空预警雷达系统与间谍卫星的能力，试图捕捉到这只球的身影。不过，如此轻质量的高尔夫球在茫茫太空中相当于"草垛里的一根缝衣针"，被捕捉到的几率几乎为零。

太空高尔夫球的最早记录

人类航天史上第一次在太空打高尔夫球是1971年2月6日，乘坐"阿波罗14号"飞船登上月球的美国宇航员艾伦·谢泼德离开月球前，曾在月球表面打出了三枚高尔夫球。不过，这三球都没打好。据谢泼德说，第一球"击起的尘土比球还多"；第二球则飞向了摄像机；第三球用力太猛，击出的球在低重力环境下飞行了"很多很多"千米。

昂贵的太空高尔夫球体验

这场"太空高尔夫球秀"之后，马上有太空旅游公司表示，日后支付过2000万美元"太空旅费"的游客，只要肯再支付1500万美元，便可走出飞船一尝在太空打高尔夫球的滋味。

飘浮状态下的手术

时间：10月26日　　　　**天气**：晴

考察目标　在失重状态下施救——太空手术

困难指数：

到目前为止，全球已经有至少400个人上过太空。人类在太空任务中受伤的几率越来越大，若将一名伤员运送回地球治疗，成本太高而且很危险，所以，科学家开始了"太空手术"的探索。

法国人菲利普·桑切欧之所以被选为"太空手术"的对象，是因为他是一个高空弹跳爱好者，能够适应重力的急剧变化。

2006年9月27日早晨，桑切欧爬上一个设在空中客车A300型客机里的手术台，接受了人类

历史上首个失重状态下的手术。手术仪器被放在一个装有磁石的容器内，三名外科医生和两名麻醉师也全部穿上了特殊服装并被固定在滑轨上。手术过程中，飞机要在高空完成32个"失重阶段"，每个阶段都具有一次上升、下降然后转圈的动作。其原理是，当飞机上升到一定高度时突然下降，造成持续20秒的短暂失重，医生们则要在这一失重状态下紧贴机舱的墙壁进行手术。

切除人体一个良性小肿瘤的手术在地面只需花8分钟，但是，为了保证整个手术在失重状态下进行，这次"太空手术"花了3个小时，最终取得了成功。桑切欧没有因飞行出现不适，尽管他的身体因失重飘浮在手术台以上2~3厘米处。

虽然此次手术花费了50万英镑，但该试验有助于探索在太空站或月球上通过机器人进行遥控手术，十分具有研究价值。

一切都在飘浮

与地面手术相比，"太空手术"操作起来有很多困难。因为在失重状态下，一切都在飘浮：手术器械和设备游走不定，病人的脏器也会浮动，连血滴也会以线形或片状飘浮在空中。因此手术难度极大，风险也很高。

最早的实验对象：大老鼠

早在20世纪80年代，科学家就开始了如何在太空中进行外科手术的模拟试验。研究人员用液体环境来模拟失重效应，他们把带有气管插管的大老鼠沉入一个标准水箱，因为气管插管与一个呼吸室连通，

救命啊!救命啊!

所以大老鼠还可以正常呼吸;手术实施者则坐在水箱旁,双臂浸入水中进行手术操作。事实证明,动物神经肌肉和感觉的适应在太空和水下是相似的。

机器人成为主刀者

为了使机器人成为"太空手术"的主刀者,科学家必须通过不断的太空实验取得经验,然后给它们编程,才能使它们顺利地通过卫星通信接受地面医疗人员的遥控指令。美国华盛顿大学的研究人员已经研制出了一种名叫"大乌鸦"的便携式机器医生,非技术人员也可以在失重状态下将它拆卸、运输和重装。但当前面临的最大挑战是,手术的数字指令与机器人手臂移动的动作相差一秒,而通信延迟会对手术的连续性造成不可预知的影响。

在宇宙建工厂

时间： 10月27日　　　**天气：** 晴

考察目标： 生产新优产品的"天堂"——太空工厂

困难指数：

在地球上，有着各种各样的工厂，生产着五花八门的产品，以满足人们的不同需要。但是，这些工厂大部分是以煤和石油作为能源的，它们排出的废气、废料会严重污染环境，给人类的生存造成威胁。

随着科学探索的不断深入，人们发现月球和其他行星上存在着大量的铁、硅等资源，太空是一座巨大的资源宝库，几乎拥有生产加工所需的一切原料，那为何不把工厂建到太空去呢？

在太空建厂还有一个好处，就是太空的微重力、真空、无菌等条件可以为生产某些特殊产品提供最佳环境。

拿制药工厂来说，在太空失重的条件下，由

于液体中会含有大量的气泡，微生物不会沉淀，这样就会使微生物的死亡数量减少，培养的质量提高。而且，许多微生物在太空的生长速度要比在地面上提高一倍以上。所以太空工厂制造的药品比在地面上制造的纯度至少高5倍，制药的速度更是快了400倍。

另外，宇宙空间充满了各种强烈的辐射，能使种子、微生物以及各种细胞的遗传密码在排列上发生变化，到时候，癌症、艾滋病等现代医学尚未攻克的疾病或许有望不再成为绝症。

科学家们也对太空工厂充满了兴趣，并且已经付诸实施。

早在1985年，第一批在太空制造的产品就上市了，那是数十亿颗直径只有10微米的聚苯乙烯微珠，它们的形状和尺寸完全一致，完美到无可挑剔。

终结"双层蛋糕"的噩梦

铅铝合金是制造火箭所必需的耐磨材料，在地球上生产这种材料的工序十分繁杂。由于地球引力的作用，在熔化这两种金属时，铅总要沉到底部，而铝因为密度小得多就浮在了上面，结果生产出来的合金就像是一块双层蛋糕。而在太空工厂生产这种合金就方便多了，因为在那儿任何物体都处在微重力状态，这样两种金属就不会因为密度不同而分成上下两层了。

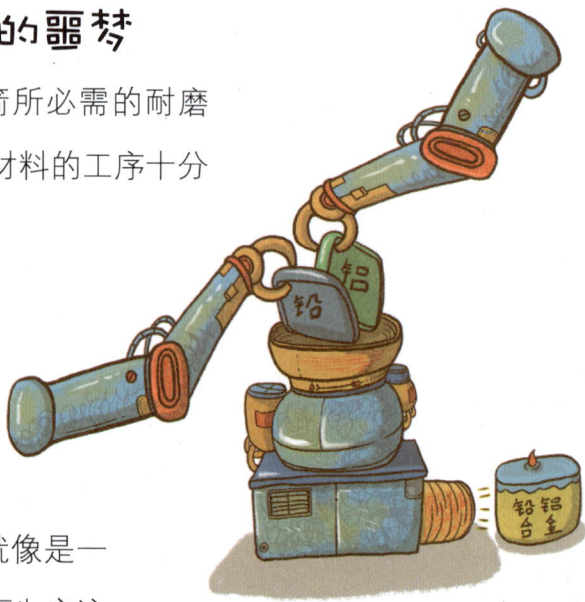

荣登第一批太空建筑名单

如果人类要在太空建造永久性建筑，太空工厂将被列入第一批建筑名单。美国航天界曾预言，在不久的将来，航天飞机将频繁地在地球与近地轨道之间飞行，把从太空工厂中生产出来的产品源源不断地运回地面，造福人类。

地球病人的福音

美国巴蒂尔实验室已经在太空中开始进行骨胶原的生产实验。骨胶原可以作为人造皮肤和人造膜用于治疗烧伤病人，也可以用于心血管和整形手术。

然而，目前人类要想提取制造骨胶原却是十分困难的。它要从人体组织中提取和复制，而如果在地球上进行这样的工作，由于重力作用，很容易造成人体组织中的蛋白质纤维固化，这样制得的骨胶原会呈现不均匀的状态，使用起来难以达到理想的效果。

如果是在太空失重条件下，由于重力的影响十分微弱，很容易就能制造出质量优异的骨胶原。如果此项目得以实现并大规模推广，那可真是地球病人的福音啊！

上趟厕所就像坐了回过山车

时间：10月28日   天气：晴

考察目标：天价洗手间——太空厕所

困难指数：✦✦✦

    太空中的生活并没有想象中那样舒适，大家都很关心宇航员的"方便"问题。的确，在失重状态下，上洗手间这种地面上十分简单的事情也成了巨大的挑战。

    在太空飞船上，装设的厕所都是男女通用的。使用时，固体与液体排泄物会分到不同的接收容器里，便溺器专门的漏斗装置使男性和女性都可以站着小便，当然，如果他或她喜欢的话，坐着也行。

WC!

为了避免排泄物四处飞溅，厕所用气流而不是水流冲洗。急速的气流将排泄物冲走后，气体经过处理，消除异味，杀死细菌后，还将重新投入起居舱以供使用。那么，那些被冲走的排泄物最终会落到哪里呢？不用担心，肯定不会被扔向地球，掷到我们的屋顶上的。

它的处理步骤如下：首先，将固体和液体排泄物分开；然后，固体排泄物经脱水压平，装入特别的储存器留在飞船上，直到着陆回到地面之后再卸掉，液体排泄物则洒到漫漫太空中。

由于技术复杂，太空厕所的造价极其昂贵，美国航空航天局新购了一套安装在国际空间站上，共花掉了1900万美元。看来，在太空，上厕所也属于"高消费"。

这个新厕所的特点是，液体排泄物还能循环再用，通过一个专门的水处理装置，将其转换为饮用水；固体排泄物则用塑胶袋封闭储存，最后被转载到专门的补给飞船上。

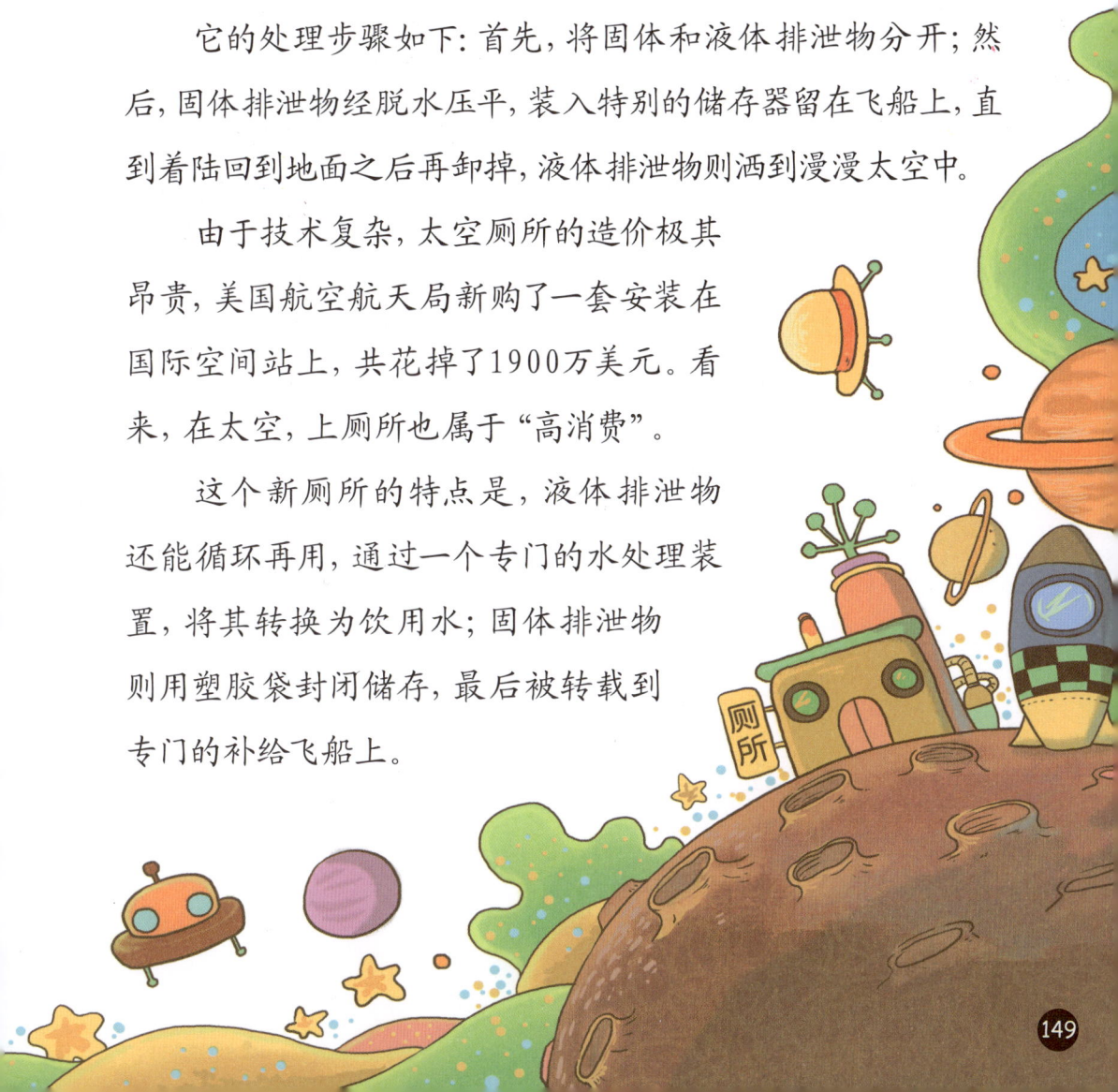

厕所

全副武装上厕所

为了避免宇航员在失重环境下站立不稳，随处飘荡，太空厕所还配有专门的固定装置。不管宇航员用什么样的姿势如厕，都得用安全扣把腿部固定住，甚至可能要把膝部锁住，把大腿绑住。看来，上一趟厕所就好像坐了一回过山车那样费劲！

穿在身上的厕所

宇航员在飞船之外漫步时可随时"方便"，因为他们的太空服通常都配备超吸湿性的成人尿布，这些尿布可以吸纳近1000毫升的液体。在飞船起飞与着陆的时候，宇航员也会使用成人尿布。

现在，日本正在开发的新一代太空厕所，也和纸尿裤有异曲同工之妙。它将一直戴在宇航员的腰上，当他们想排泄时，传感器会预先探测到，并自动开启安装在后部的设备，将排泄物通过管道吸入单独的容器中。

为了上厕所反复练习

在太空中，由于身子飘浮不定，加上心理因素，许多宇航员都有解不出大小便的经历。所以，在地面时他们就必须克服极大的心理障碍，在横舱里、卧床上，坐着、躺着，甚至要变换着各种姿势进行排泄大小便的训练。

在太空中洗澡

除了上厕所，似乎所有人都很好奇，在太空能淋浴吗？除非飞船有特殊的淋浴装置，不然宇航员只能擦澡。他们通常先把一个大的水球放在自己的头上，弄破水球让水渗下去，水就会贴着皮肤"淌"遍全身，然后用浸有清洁液的湿毛巾擦身，再用一个水球将自己洗干净。

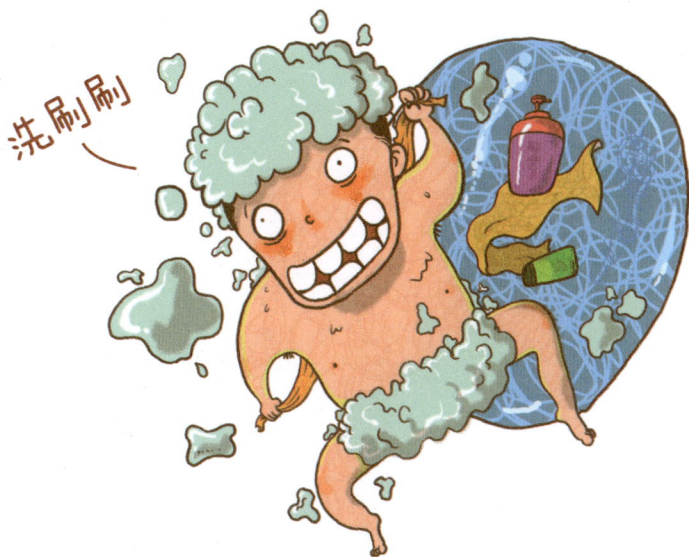

洗刷刷

年产星星740颗

时间：10月29日 ⏰　　天气：雨 🐙

考察目标："凤凰涅槃"——宇宙超级母亲星系

困难指数：🛸🛸🛸🛸🛸

天文学家借助美国航空航天局的钱德勒X射线望远镜，发现了一个超级母亲星系，该星系一年产生大约740颗恒星，而我们的银河系一年仅生成大约1颗新恒星，不足前者一天的产量。

这个星系距离地球大约57亿光年，位于天文学家最近发现的发出最亮X射线的一个星系簇的中心位置。这个未命名的星系的大小约是太阳系的3万亿倍，就这种类型的星系而言，这是迄今为止天文学家观测到的产生恒星最多的一个星系。不过，据我所知，碰撞星系等其

他类型的星系甚
至可能产生更多
的恒星。

　　这个星系还有另外一个
奇怪的地方，就是它非常成
熟，现在可能已经有60亿岁
了。按理像这种大小、类型和
年龄的星系，大多被归为"死
亡星系"，通常无法产生新恒
星，更不用说这么快速地产生恒星了，但这种天体不知由于什
么原因重新恢复了生机。

　　事实上，宇宙里只有10%的气体会变成恒星，这是因为"黑
洞和恒星形成之间的竞争"永不停休，位于星系中心的黑洞产
生的能量会阻碍宇宙气体的冷却。可是，就新发现的这个奇特
星系而言，位于它中心的黑洞似乎异常安静，可能是因为它在竞
争中处于劣势吧。

　　不过，这种恒星迅速生成的局面应该只是暂时性的，因
为那儿的燃料有限，限制了星系的增大。但也可能这是每个星
系簇都要经历的一个短暂阶段，我们只是有幸看到了它。

昵称"凤凰"

由于这个超级母亲星系所在的星系簇可能存在着"起死回生"的情况，所以天文学家将其昵称为"凤凰"，因为这种鸟经历烈火的煎熬和痛苦的考验，最终获得重生。

造星希望的破灭

就像并不是每个演员都会成为银幕上轰动一时的明星那样，在寒冷的太空中，也不是每个气体尘埃团都能成为灿烂的恒星。一个气团要想成为恒星，需要坍缩而增加密度，然后浓密气体中的化学反应才能形成硫和氧的化合物。

这不，欧洲的天文学家们就看到了令他们失望的一幕：黑暗的烟斗星云中的一个气团富含硫氧化物，可见该气团一度密度很高，注定会发出光亮成为恒星。可是，现在这个气团正在飘散，说明外部力量正在分解该气团，使它形成恒星的希望破灭了。

宇宙"GDP"过低

一个天文学家小组经过研究发现，宇宙中存在的恒星中有一半左右都是在宇宙生产恒星的高峰期，即110亿年前至90亿年前诞生的。

宇宙中恒星生产量的最高峰出现在100亿年之前，也就是大爆炸之后仅27亿年左右。自那以后，恒星的生产量便一直处于不断地下降之中。看来，宇宙正处于一种长期的严重危机中，它的GDP目前仅有其高峰时期的3%。

宇宙中的第一颗星

在大爆炸后，宇宙诞生了。但是第一缕闪烁着的光芒是如何出现的呢？科学家研究发现，它来自于比太阳还大100倍左右的宇宙第一颗星星。当氢元素和氦元素组成的原始气体云坍塌时，这颗星星诞生了。最初的星星非常巨大，其质量范围为太阳的30~300倍。

换个地方换种活法

时间：10月31日 **天气**：晴

考察目标："异度空间"的机密档案
—— 动物宇航员的太空生活

困难指数：

动物被带上太空已经不是什么新鲜事了，这些原本在地球上"其貌不扬"的家伙，一旦升到天上，居然各自都有了不凡的表现，令浩瀚的宇宙因此热闹了一番。

老鼠能自动减肥。这事儿听起来很离奇吧？事实上，在太空待上七天后，老鼠的新陈代谢速度明显下降，脂肪消失明显，上天时的胖老鼠回到地

面已经成了瘦老鼠。此外，老鼠体重下降还有一部分原因是它们的骨头变细变松了。回到地面后，由于胃里部分酶的活性下降，这些老鼠会变得厌食贪睡，而且性情也比上天前要温驯得多。

蝾螈之类能够再生的动物到了太空，自我修复能力变得更加厉害了！因为在太空中，细胞核会变大，分裂速度大大加快，所以蝾螈再生肢体的速度要比在地球上快得多。

在宇宙射线的照射下，寄生蜂的生殖力大大爆发，产卵量比在地球上提高了两倍。不过，由于丧失重力，雄寄生蜂在太空中有点失去方向感，在太空中待上两天后，甚至在交配时也有点儿摸不清方向。

蜜蜂们则在太空过起了有条不紊的"社团生活"。虽然开始的时候它们有的在原地拍打翅膀，有的在玻璃箱内四处乱飞，茫然不知所措；但当适应后，它们就开始像在地面那样忙个不停，开始筑巢了。虽然起先它们把新巢筑得歪歪斜斜，但后来就和地面的"家"渐渐接近了。

太空妈妈

2007年9月,俄罗斯"光子-M3"科研卫星发射升天,在一个名为"诺亚方舟"的小型密封舱里,搭载了一批特殊的太空"乘客"——54只普通的棕色蟑螂。

旅行回来后,人们惊喜地发现,其中一只蟑螂在太空受孕了。这个名叫"希望"的蟑螂妈妈,顺利产下了33个小宝宝,首批太空生物就这样诞生了!和普通蟑螂相比,这些"太空宝宝"的外壳颜色要深得早一些。

蹩脚的作品

蜘蛛可以说是太空中的"常客",2008年11月,美国宇航员乘"奋进号"航天飞机来到国际空间站,和他们同行的还有两只圆蛛。

因为水土不服,两个小家伙在失重状态下织出了一张十分"蹩脚"

的网。和地面上纹理清晰的蛛网相比，这张网显得杂乱不堪，毫不对称。不过，这张网多多少少还有点三维立体结构，看来，它们是忙活了好一阵子才达到这个效果的呢！

蝴蝶的使命

2009年11月，美国"亚特兰蒂斯"航天飞机升空，搭载的帝王斑蝶蛹和小红蛱蝶蛹将首次在太空中完成化蛹成蝶的全过程。

在空间站上，刚刚破蛹而出的蝴蝶用了15分钟才变干，而在地球上，这个过程只需3~5分钟。由于太空"住处"十分狭窄，帝王斑蝶只能活4天，而在地球上，它们可以活2周；同时，太空中小红蛱蝶的寿命也比地球上的同类缩短了近一半，它们为在太空中的辉煌一刻付出了生命的代价。

图书在版编目（CIP）数据

对话外星生命/大米原创,雨霁编写. —杭州：浙江
少年儿童出版社，2014.4
（最奇的科学探险书）
ISBN 978-7-5342-7933-1

Ⅰ.①对… Ⅱ.①大…②雨… Ⅲ.①科学知识-少
儿读物 Ⅳ.①Z228.1

中国版本图书馆 CIP 数据核字(2013)第 304827 号

最奇的科学探险书
对话外星生命
大米原创　　雨霁 编写

责任编辑　刘佳琦　　袁丽娟
整体设计　韩吟秋
内文插图　吴家晔
责任印制　阙　云

浙江少年儿童出版社出版发行
地址：杭州市天目山路 40 号
杭新印务有限公司印刷
全国各地新华书店经销
开本：720×930　1/16
印张：10
字数：80000
印数：1—12160
2014 年 4 月第 1 版
2014 年 4 月第 1 次印刷
ISBN 978-7-5342-7933-1
定价：**19.00 元**
（如有印装质量问题，影响阅读，请与购买书店联系调换）